An Introduction to Coffee

커피학개론

이 책을 펴내면서

우리는 커피라는 용어에 익숙해져 있고 또한 많은 사람들이 커피를 마시면서 일상의 이야기를 나누고 깊은 생각에 잠기는 시간으로의 여행을 떠나기도 한다. 아직도 커피의 효능과 기능성에 대한 많은 연구가 필요하지만 이제는 없어서는 안 될 기호식품이 되어 있다. 커피의 생산과 수요가 급성장하였던 배경은 기호식품의 발전에 기인한다고 할 수 있다. 기호식품이란 사람 몸에 필요한 다양한 영양소가 들어 있는 것은 아니지만, 독특한 향기나 맛 등의 향미가 있어 즐기고 좋아하는 식품으로 지칭하며 여기에는 술, 담배, 차 그리고 커피가 있다. 이중에서 특히 커피는 유럽뿐만 아니고, 아시아에서도 그 수요가 폭발적으로 증가하고 있는 추세이다. 커피의 대중화가 세계적으로 증가하면서 세계시장에서 거래되는 커피의 양은 석유 다음으로 많다. 이러한 무역의 관계는 커피 생산국과 소비국이 전혀 일치하지 않기 때문이다. 즉, 커피 소비를 많이 하는 나라는 주로 선진국을 중심으로 미국 및 유럽이고, 커피를 생산하고, 커피를 재배할 수 있는 환경을 가지는 나라는 대부분이 경제적으로 빈곤한 구조를 가지고 있는 국가가 대부분이다.

우리나라는 폭발적인 커피전문점의 팽창에 따라 그에 걸 맞는 커피 전문가의 양성에도 많은 역량을 집중하여 왔다. 기호식품이었던 커피가 대중화하면서 많은 사람들이 커피에 대한 이론적인 지식을 얻기 시작하고 지적인 욕구를 충족시키기 위한 많은 책들이 출간되었다. 또한 커피의 소비가 폭발적으로 늘어나면서 많은 대학에서 커피교육 과정을 개설하였고, 평생교육기관과 커피 학원에서도 바리스타를 양성하고 있다. 이 책의 편저자들은 학생들을 지도하면서 정리하여 둔 자료를 모아서 커피를 공부하고자 하는 독자들에게 커피에 대한 기본적인 이해를 돕고자 쉽게 그리고 폭 넓게 기술하려고 노력하였다. 커피에 관련된 용어는 일반적으로 사용하는 것을 우선하였지만 앞으로 체계적인 논의를 거쳐서 우리에게 맞는 용어로 정리해야 할 것으로 보인다. 부족한 점이 많지만 앞으로 계속적인 보완을 통하여 독자들에게 사랑받는 책으로 만들어 갈 생각이다.

끝으로 이 책의 발간을 위해 애써 주신 도서출판 효일의 김홍용 대표님과 임직원 여러분의 노고에 깊은 감사를 드린다.

저자 씀

커피학개론 Contents

Chapter 01

커피의 역사

1. 커피의 발견과 기원

현대에 커피의 생산과 수요가 급성장한 배경은 기호식품의 발전에 기인한다고 할 수 있다. 기호식품이란 사람의 몸에 필요한 다양한 영양소가 들어 있는 것은 아니지만, 독특한 향기나 맛 따위가 있어 즐기고 좋아하는 식품을 지칭하며 여기에는 술, 담배, 차, 커피 등이 있다. 이중에서 특히 커피는 유럽뿐만 아니라 아시아에서도 그 수요가 폭발적으로 증가하고 있다. 커피의 대중화가 세계적으로 확산되면서 세계시장에서 거래되는 커피의 양은 석유 다음으로 많다. 이러한 무역의 관계는 커피 생산국과 소비국이 전혀 일치하지 않기 때문이다. 즉, 커피 소비를 많이 하는 나라는 주로 선진국을 중심으로 미국 및 유럽인 반면, 커피나무(coffee tree)를 재배하고 커피를 생산할 수 있는 환경을 가진 나라는 경제적으로 빈곤한 구조를 가지고 있는 국가가 대부분이다. 이렇게 기호식품으로 대중화해 있는 커피의 기원에는 여러 가지 전설적인 이야기들이 전해 내려오고 있으나, 문헌적인 의미의 기원은 의학 종합서적인 〈의학집성〉을 집필한 페르시아 의사인 라제스(Rhazes)에 의한 것이 시초이다.

1) 전설적인 의미의 에티오피아의 칼디(Kaldi)

에티오피아의 남서쪽 아비시니아 고원의 카파(Kaffa)라는 지역에서 양치기를 하던 소년 칼디는 양들이 붉은 열매를 먹으면 흥분하고 날뛰는 것을 발견하여 호기심에 양들이 먹었던 붉은 열매를 먹어보니 신기하게도 기운이 나고 기분이 좋아지는 것을 느꼈다. 칼디는 이 열매를 이슬람 사원으로 가져가서 수도승에게 전하였고, 수도승들 역시 시식해보고 이 열매가 활기를 주고 졸음을 쫓는 효능이 있음을 알고 주로 기도할 때 이 열매를 사용하였으며, 포교의 수단으로 이용하게 되었다. 이후 커피는 아랍 상인에 의해 아라비아의 예멘으로 전해졌다.

[그림 1-1] **칼디와 양**

2) 오마르(Omar)

고대 설화에 따르면 오마르는 병자들을 기도를 통해 치료하는 능력을 지녔는데, 중병에 시달리는 성주의 딸을 치료한 뒤 그 공주를 사랑하게 되었다. 그런데 그것이 발각되어 정적의 모함으로 예멘의 모카 항 근처로 추방되었다. 오마르가 산을 헤매던 중 새 한 마리가 빨간 열매를 쪼아 먹는 모습을 우연히 보고 굶주림에 지친 오마르는 근처 숲 속에서 열매를 찾아서 씹었는데 그 맛이 매우 썼다. 그는 그 열매를 볶아서 맛을 높이려 했지만 너무 딱딱해서 먹기가 어려웠다. 이번에는 그 열매를 연하게 만들기 위해 다시 물에 넣어 끓이자 향기가 나는 갈색 음료가 만들어졌다. 오마르는 그 음료를 마시고 며칠간 활기를 되찾을 수 있었고 무사히 도망자의 생활을 이어갈 수 있었다. 오마르가 병자들을 치료하면서 그 공으로 추방에서 면죄되어 커피를 널리 알리게 된다. 이 오마르 이야기는 역사적 근거이기보다는 구전 설화에 가깝다.

3) 서아시아 카페의 원조 카프베(Kahve)

메카에서 인기 있던 커피는 다른 이슬람 도시로 빠르게 전파되었는데, 신경을 자극하는 성질 때문에 커피를 마시는 것이 한동안 금지되었다. 오스만투르크 제국 때에는 이스탄불에 '가누스 카프베'라는 최초의 카페가 만들어져서 커피가 대중화하기도 하였다.

4) 커피의 어원

커피(coffee)라는 단어가 영어에 들어온 것은 1598년으로 네덜란드어 'koffie'에서 유래했다. 'koffie'는 아랍어 'qahwa'에서 차용한 터키어인 'kahve'를 다시 차용한 단어이다. 아랍어 'qahwa'는 'qahhwat al-bun'라는 말을 간략화한 것으로 영어로 해석하면 'wine of the bean'이라는 뜻이다. 카와(qahwa)는 원래 '불쾌하다'는 뜻을 가진 아랍어 'qhwy'에서 파생한 단어로 음식을 시큼하게 만드는 포도주를 의미했다.

'커피(coffee)'의 어원에 대해서는 커피의 원산지라고 알려진 에티오피아 '카파(Kaffa)' 지역의 이름에서 유래했다고 보기도 한다. 카파 지역은 에티오피아 연방의 일부를 이루던 주의 하나로 현재는 오로미아주와 남부민족인민지역(SNNPR주)으로 나뉘어 있다. 오래 전에는 카파 지역이 하나의 왕국으로 세계에서 가장 먼저 커피를 즐겼던 오로모인들이 거주하였다. 이들은 커피를 부수어 기름과 섞은 뒤 작은 공만 한 크기로 만들어 먹었으며, 다른 부족과 전쟁을 벌일 때 이것을 깨물어 먹었다고 한다. 부족 간 노예매매가 성할 때 오로모인들이 노예가 되어 다른 지역으로 이동함에 따라 커피의 종자도 함께 전파되었다는 설도 있다.

에티오피아는 세계에서 유일하게 커피를 지칭할 때 'coffee'와 유사한 단어를 쓰지 않는다. 카파 지역에서는 커피나무를 'bunn' 또는 'bunna'라고 불렀으며 현재도 에티오피아에서는 커피가 이 이름으로 불린다. 또한 카파인은 세계 최초로 바리스타를 탄생시킨 사람들이라고 한다. 이들 계층은 '토파코'라고 불렀으며 왕이 마실 커피를 만들뿐만 아니라 왕에게 직접 먹여주기까지 했다고 한다.

위에서 살펴본 여러 가지 설들을 종합해 보면 '커피(coffee)'라는 말은 에티오피아의 지역명 'Kaffa'에서 유래하였고, 터키에서는 아랍어 'qahwa'에서 차용한 'kahve'라고 불리다가 'cafe'라는 말로 유럽에 알려졌다고 볼 수 있다. 영국에서 'coffee'라는 단어를 일반적으로 사용하게 된 시기에 대해서는 1650년 경 커피 애호가였던 헨리 블런트 경이 터키식의 'kahve'를 'coffee'로 바꿔 부르면서 정착되었다는 설이 유력하다.

현재도 커피나무를 재배하는 국가 및 지역에 따라 명칭이 각각 다르지만 영미권에서는 주로 coffee라고 불리며, 아시아권에서는 kafae(캄보디아, 라오스), kopi(인도네시아, 말레이시아), kaphi(미얀마), kafe(필리핀), gafae(태국), ca-phe(베트남)등으로 불린다.

2. 커피의 전파 및 역사

기원후 6세기에서 7세기 사이에 아프리카 에티오피아의 고원에서 칼디에 의해 처음으로 커피 열매가 발견되었다. 5세기경 에티오피아가 아라비아 남부 예멘 지역을 침략하면서 아프리카에서 아라비아로 커피가 전래되었고, 9세기경 이슬람 전파와 함께한 커피의 전파는 아라비아반도 아덴 지역까지 확산되어 이슬람학자들의 커피 음용기록이 나타났다.

10세기경에는 'qahwa'로 불리는 원두를 끓여 먹기 시작하였으며, 사라센 제국(7세기 ~15세기 말의 아라비아 이슬람 왕조를 일컫는 총칭)에서는 종자유출을 막기 위해 커피를 볶고 쪄서 가공하여 유통시켰는데 이때부터 커피를 가공하는 단계에 들어섰다고 볼 수 있다. 11~12세기에는 에티오피아에서 홍해를 건너 아라비아반도의 예멘으로 전파되었다. 이 시기에 사라센 제국의 쇠퇴가 시작된 것이 커피가 여러 나라에 전파되는 계기가 되었다. 13세기경부터는 커피가 이슬람 사원에만 머무르지 않고 일반 대중에도 보급되었다. 이때 처음으로 '카베카네'라는 아랍식 커피하우스가 등장했다.

14세기경에는 오스만투르크 제국(Osman Turk Empire)에 커피가 소개되면서 커피를 볶은 후 추출해서 마시기 시작하였다. 15세기에는 홍해를 건너온 커피가 아라비아의 예멘에 전해져 커피 재배가 보편화하였다. 현대인들이 즐겨 마시는 모카커피는 예멘의 모카 항에서 유래한 것이다. 또한 이 시기에는 아랍교도들에 의해 인도, 이집트 및 시리아 등으로 커피가 전해졌다. 1475년경에는 넓은 팬에 볶은 원두를 갈아서 이브릭(ibrik)과 체즈베(cezve)라는 주전자에 넣어서 끓여 마시는 터키식 커피가 유행하였으며, 공공장소에서 커피를 마실 수 있는 현대의 카페 개념에 가까운 최초의 커피하우스인 '키바 한(Kiva han)'이 오픈하였다.

16세기에는 오스만투르크가 아라비아 지역을 통일함으로서 커피는 터키로 확산되었다. 이 시기에 터키에서는 '차이하나'라는 커피하우스가 이스탄불에 등장하였고 17세기에는 터키에서 유럽으로 커피가 전파되었다. 16세기 후반에는 로마의 천주교 사제들이 교황 클레멘스 8세(1592~1605년 재위)에게 커피는 악마의 음료이므로 금지시켜달라고 탄원하였으나 교황이 거부하여 유럽 전역으로 전파되는 계기가 되었다. 1615년경에는 영국 런던에 첫 커피하우스가 등장하였고, 1669년에는 프랑스의 터키대사 슐레이만 아가(Suleyman Aga)가 루이 14세에게 커피를 소개하면서 유럽 전역에서 커피가 인기를 얻기 시작하였다. 1686년에는 이러한 커피의 대중화에 따라서 파리의 첫 커피하우스인 르 프로코프(Le Procope)가 등장하였고 많은 예술가들과 젊은이들이 이용하였다. 1674년에는 영국의 런던에서 커피 반대운동이 벌어지기도 했는데 이는 남편이 커피하우스에 출입하는 것을 부인들이 반대하는 탄원이었다. 1696년에는 네덜란드인에 의해 인도네시아 자바섬에 커피가 전파되어 동남아시아에서 커피를 재배하는 계기가 되었다. 1696년에는 미국의 뉴욕에서 'The Kings Arms'라는 커피하우스가 오픈하였는데 그 당시 뉴욕 정치 문화의 중심 역할을 하였다.

18세기(1720년)경에는 이탈리아 베네치아 산마르코 광장의 '카페 플로리안'이 오픈하였고, 이는 현존하는 가장 오래된 카페이다. 1723년경에는 프랑스 해군 장교가 카브리해의 마르티니크 섬에 커피를 전파하여 신대륙인 남미에서 커피 재배를 시작하는 계기가 되었다. 1727년은 브라질에서 커피산업이 발전한 시기이다. 19세기는 아메리카 및 아프리카 등에서 노예들을 동원한 커피의 대량 재배가 이루어지는 시기였다.

3. 한국의 커피 역사

한국에 커피가 들어온 것은 칼디가 커피를 발견했다는 시기로부터 1,000년쯤 지난 1890년대로 추정된다. 미국으로 유학을 다녀 온 유길준의 저서인 〈서유견문록(1895)〉에 우리나라 최초의 커피에 관한 이야기가 있다. 그는 이 책에서 "우리가 숭늉을 마시듯 서양인들은 커피를 마신다."라고 소개하였다.

임오군란 이후 1882년에서 1890년대 사이 서양의 외교사절이 들어오면서 조선황실의 마음을 사로잡기 위해 커피를 진상하기 시작했다. 그중 널리 알려진 일화 중의 하나는 고종황제가 을미사변(1895년, 고종 32년) 직후 러시아 공사관에 머물면서(아관파천, 1896년 2월 11일) 러시아 공사 K. 베베르(Karl Ivanovich Waeber)를 통해 우리나라에서는 최초로 커피를 마셨다는 이야기이다. 이후 고종은 덕수궁에 서양식 정자인 정관헌을 지어 커피를 마시며 외국 공사들과 연회를 즐겼다. 이때 고종의 시중을 들던 독일계 러시아 여인 손탁(Sontag)이 1902년 고종의 후원으로 '손탁호텔'을 세우고 여기에 커피숍을 열게 되었는데 이것이 우리나라 최초의 커피숍으로 알려져 있다. 이 당시의 커피는 서양에서 들어온 국이라 하여 '양탕국'이라는 이름으로 불렸다.

1920년대에는 최초의 다방이 문을 열었는데 1923년에 일본인에 의해 개점된 '이견(후다미)'이라는 다방이었다. 1927년 영화감독이었던 이경손이 종로에 〈카카듀〉라는 커피숍을 오픈하였다. 1930년대에 들어서면서 서울의 종로, 명동 및 충무로 등지에서 커피를 파는 다방이 본격적으로 영업을 시작하였다. 8.15 해방과 6.25 전쟁을 거치면서 미군들에 의해 커피가 급속도로 대중화하였다. 이 시기에는 미군부대에서 불법으로 흘러나온 봉지커피(인스턴트 커피)가 인기였고, 길거리에는 다방이 넘쳐나게 되었다. 5.16 이후에는 외화 낭비의 주범이라 하여 금지되기도 하였다.

1970년대는 본격적인 인스턴트 커피시대가 시작되면서 커피의 대중화가 이루어졌다. 여기저기 다방이 개업을 하게 되고 이 시기 청년문화를 이끌어가게 되었다. 또한 다방은 평범한 도시인들의 사업장이나 휴식공간으로 자리를 잡으면서 커피문화를 확산시켰다. 1960년대에 1천여 개에 달했던 다방이 1970년대에는 2천6백여 개로 증가할 정도로 번성하였다. 이러한 다방 문화는 1970년대에는 음악다방이라는 새로운 문화를 이끌어가면서 1980년대까지 이어갔다.

1976년경에 인스턴트커피가 나오면서 다방문화와 커피숍문화에 지각변동이 일어났다. 우후죽순으로 생겨났던 다방이 서서히 자취를 감추는 계기가 되었고, 커피자판기의 등장으로 세계적으로도 유래가 없는 커피 소비형태가 나타났다.

1990년대에는 서울올림픽(1988)을 기점으로 원두커피가 유행하기 시작하면서 커피전문점의 브랜드화가 이루어지기 시작했다. 1988년에 서울에 '쟈뎅'이라는 커피전문점이 문을 열었고 1999년 7월 스타벅스 1호점(이화여대)이 오픈하면서 국내에 첫 외국브랜드가 들어왔다. 이후 커피전문점은 빠른 속도로 퍼지면서 테이크아웃 형태의 커피문화를 태동시켰다. 현재 우리나라에는 외국의 대형 커피전문점뿐만 아니라 토종 브랜드를 가진 커피전문점도 개설되어 2010년 기준 약 2천여 개의 매장이 운영되고 있다.

[그림 1-2] 한국 커피 역사 : 정관헌

[그림 1-3] 한국 커피 역사 : 다방

Chapter 02

커피 식물학

1. 커피나무(Coffee tree)

(1) 식물 분류학적 위치

커피는 쌍떡잎식물로 쌍떡잎식물강(Class Angiosperms) 꼭두서니목(Order Gentianales) 꼭두서니과(Family Rubiaceae)에 속하는 상록관목으로 커피나무(coffee tree)가 속하는 꼭두서니과에는 세계적으로 500속(genera), 약 6,000종(species)의 식물이 분포하고 있다. 커피나무가 포함된 코페아(Coffea)속에는 약 70여 종이 분포하고 유코페아(Eucoffea) 아속(subgenus)에는 약 40여 종이 분포한다.

세계적으로 가장 많이 재배 및 유통되고 있는 2개의 커피 종으로는 1753년에 식물학자 린네(Carolus Linnaeus)에 의해 에티오피아에서 처음 발견된 *Coffea arabica*(Linnaeus) 와 1898년 콩고에서 발견된 *Coffea canephora*(syn. *Coffea robusta* ; Pierre ex A. Froehner)가 있다. *Coffea liberica*(Bull ex Hiern)는 주로 아시아 지역과 서부 아프리카에서 극소량이 재배되고 전체 생산량도 1~2%에 불과하지만 커피나무의 3원종 가운데 하나로 알려져 있다. 이 외에도 드웨브레이종(*Coffea dewevrei*), 스테노필라종(*Coffea stenophylla*), 콘젠시스종(*Coffea congensis*), 엑셀사종(*Coffea excelsa*) 등이 있는데 이 4종과 앞서 말한 3원종이 커피의 대표적인 종이다. ICO(International Coffee Organization, 국제커피협회)에서는 이중에서 아라비카(*Coffea arabica*)의 품종으로 티피카(typica)와 카네포라(*Coffea canephora*)의 품종으로 로부스타(robusta)를 인정하고 있다.

[그림 2-1] 커피나무 종류 : 아라비카

[그림 2-2] 커피나무 종류 : 로부스타

(2) 종자와 발아 특성

커피나무 씨앗(seed, 종자)의 형태를 보면 배아(embryo)를 가진 배유(endosperm) 2개를 내과피(endocarp, parchment)와 외피[integument, 은피(silver skin)]가 둘러싸는 구조로 되어 있다. 배아는 종자의 씨눈을 말하며 보통 배축(embryo axis)과 2개의 자엽(cotyledons)으로 구성되고 크기는 약 3~4mm이다. 배아는 발아 시에 싹이 된다. 커피콩의 크기는 종류에 따라 다르지만 일반적으로 길이가 약 10mm, 넓이가 약 6mm이다.

커피나무 씨앗의 발아에 가장 좋은 환경은 높은 습도와 약 30~35℃의 대기 온도 및 약 28~30℃에 이르는 토양 온도이며, 이 환경이 형성되면 발아하는 데 보통 30일 정도 필요하다. 발아 조건이 맞지 않으면 발아가 지연되거나 발아하지 않을 수도 있다. 씨앗을 파종하기 전에 내과피를 벗겨주거나 물속에서 온욕을 시켜주면 발아를 앞당길 수 있다.

커피나무 씨앗을 파종한 후 약 30일이 지나면 배축이 자라면서 씨앗을 밀어 올리는데 약 2개월이 지나면 2개의 떡잎이 펼쳐지고 상배축(epicotyl)이 성장하면서 최초의 잎과 유아(plumule)가 나온다. 이때 뿌리는 원뿌리(tap root)에 곁뿌리가 달린 간단한 구조로 되어 있다.

[그림 2-3] 커피나무 씨앗 발아과정

(3) 잎과 꽃

1) 잎

커피나무 잎은 가지의 마디에서 대생(opposite, 마주나기)으로 난다. 일반적으로 잎의 면적은 성숙하였을 때 보통 7~15cm이고 약 1개월이 지나면 완전히 성숙한다. 잎의 앞면이 짙은 녹색을 띠고 윤기가 흐른다. 모양은 긴 타원형으로 끝은 뾰족하고 잎맥은 육안으로 보아도 뚜렷하다. 잎의 크기는 로부스타 종류가 아라비카 종류보다 더 크다.

[그림 2-4] **커피나무 잎**

2) 꽃

커피나무의 꽃은 하얀색이고 자스민 향이 있으며, 엽액(leaf axils, 잎겨드랑이)에 3~7개씩 모여 달린다. 꽃눈(flower bud)이 생기는 곳은 엽액이고 드물게 가지에서 나오기도 한다. 화서(inflorescence, 꽃차례)는 일반적으로 취산화서(centrifugal inflorescence), 난상화서(anthela) 및 단산화서(glomerule) 등으로 나눈다. 아라비카 종류는 2~9개의 꽃으로 이루어진 꽃무리 1개를 형성하여 한 마디에서 16~48개의 꽃을 만든다. 로부스타 종류는 마디에서 보통 30~100개의 꽃을 피운다. 노지 조건에서 커피나무 꽃의 개화는 여러 가지 환경 요인의 영향을 받는다. 재배지역, 우기와 건기의 조화, 기온, 복사열 그리고 광주기 등은 영양뿐만 아니라 생식주기를 조절하는 중요한 요인이 된다. 꽃의 부위에는 생식과 직접 관련이 없는 화관(corolla, 꽃부리)과 화악(calyx, 꽃받침)이 있다. 화관은 지름이 1~1.5cm이고 통 모양이며 끝이 5개로 갈라진다. 꽃에서 가장 중요한 기관으로 꽃가루를 생성하는 다섯 개의 수술(stamens)이 있고, 꽃가루를 받아서 열매를 만드는 기관으로 암술머리 · 암술대 · 씨방으로 구성되어 있는 암술(pistil)이 있다. 암술에 있는 씨방

(ovary)은 화관의 아래에 위치하고 2개의 배주(ovules, 밑씨)를 가지고 있다.

꽃잎은 아라비카 종류가 5개, 로부스타 종류가 5~7개, 리베리카 종류는 7~9개이다. 개화는 아라비카 종류가 보통 1년에 2회 피고, 로부스타 종류는 꽃을 자주 피우기 때문에 수확기도 각각 다르게 나타난다.

[그림 2-5] **커피나무 꽃**

(4) 수분과 체리

커피나무 묘목은 이식 후 빠르면 2년, 늦어도 3년 후부터 꽃을 피우고 열매를 맺기 시작하여 약 6~7년 후부터 커피 열매를 생산할 수 있으며, 수확 가능한 커피나무의 수명은 약 25년이다. 이 시기까지 커피를 생산하려면 꽃을 잘 피워야 하고 꽃이 피면 수분을 시켜야 한다. 일반적으로 식물은 곤충이나 바람에 의해 수분을 하지만 현대에는 인공수분도 많이 하고 있다. 커피나무의 인공수정 방법은 주로 타가수정이나, 아라비카 종류는 자가수정을 하는 경향이 있다. 꽃이 피고 수분이 이루어지면 2~3일 만에 낙화하고 그 자리에 녹색의 커피 열매가 열리게 된다. 수분이 이루어진 후 6~7개월이 지나면 커피 열매가 녹색에서 붉은색으로 변한다. 익은 커피 열매는 식물학적 용어로 핵과(drupe), 체리(cherry) 또는 커피 체리(coffee cherry)라고 하며, 커피 베리(coffee berry)라고 부르기도 한다.

체리(cherry)라는 용어는 붉은색으로 익은 커피 열매가 앵두와 비슷하기 때문에 붙인 명칭이다. 숙성한 체리는 먹을 수도 있지만 과육이 많지 않아 식용으로는 거의 쓰이지 않는다. 체리의 형태는 긴 타원형이고 길이는 15~18mm 정도이다. 색깔은 밝은 적색 또는 자주색이다. 다육질의 과육과 평평한 면에 나란히 붙어 있는 2개의 종자가 있다. 종자는 잿빛을 띤 흰색이고 타원체를 세로로 자른 모양이며 평평한 면에 1개의 홈이 있다. 커피 열매는 여러 번에 걸쳐서 익으므로 7~14일 간격으로 수확한다. 개화한 후 체리를 수확할 때까지 걸리는 기간은 커피 종류와 재배지역에 따라 다르지만 보통 아라비카 종류는 6~9개월, 로부스타(카네포라) 종류는 9~11개월, 엑셀사(excelsa) 종류는 11~12개월 그리고 리베리카 종류는 12~14개월 정도 소요된다.

[그림 2-6] 커피 체리

2. 커피나무의 재배

(1) 생태 환경

커피나무는 생육하는 데 여러 가지 생태 조건들이 필요하다. 일반적으로 커피벨트라고 하는 적도를 중심으로 남위 25° 부터 북위 25° 사이의 아열대 및 열대지역이 커피나무의 생육지역이다. 커피나무는 내한성이 약하므로 영하로 내려가지 않게 월동해야 한다. 기온은 커피나무를 성장시키는 데 가장 중요한 요소이며, 연평균 기온이 22℃ 전후이고 해발 200~1,800m 되는 고지대에서 잘 자라고 품질도 우수하다. 특히 아라비카 종류는 연평균 온도가 20~24℃이고 그늘이 많이 드리워진 쾌적한 환경에서 잘 자란다.

일조량이 너무 많으면 잎의 표면온도가 너무 높이 올라가 광합성량이 감소하기 때문에 그늘이 만들어지도록 키 큰 나무(shade tree, 그늘나무)를 옆에 심어서 직사광선을 피하도록 하며, 자연적인 지형을 이용하여 그늘을 만들기도 한다. 이때 그늘나무로 가장 많이 이용하는 것이 파인애플과 바나나 나무이다.

강수량이 연간 평균 1,300ml 이상이고 건기와 우기가 뚜렷하게 구별되는 지역에서 생육이 순조롭다. 특히 어린 묘목이 자라는 데는 많은 양의 수분이 필요하다. 아라비카 종류는 연간 1,400~2,000ml, 로부스타 종류는 2,000~2,500ml 정도의 강우가 있어야 생육에 효과적이다. 커피나무에 가장 적합한 습윤량은 아라비카 종류가 약 60% 정도이고 로부스타 종류는 70~75%의 습도가 필요하다.

커피의 생육에서 두 번째로 중요한 것이 토양이다. 커피벨트가 형성되어 있는 적도 지역의 커피 주요생산국들은 화산활동과 깊은 관계가 있다. 즉 화산재를 많이 함유한 토양은 부식이 잘되어 경작성과 배수성이 좋다. 또한 화산재를 포함하는 비옥한 토양은 질소와 인 등을 함유하고 있어 식물의 생장에 많은 도움을 준다. 토양의 산성도는 4.5~6.0 정도의 약산성이 좋으며, 여러 가지 영양분 특히 질소, 인산, 칼륨을 충분히 포함하고 있는 토양이 좋다. 이중에서 질소성분은 뿌리를 통해 잎과 줄기 및 가지 등에 흡수되어 커피나무 전체를 튼튼하게 하는 영양분이고, 인산은 뿌리 및 꽃 등을 형성하는 데 아주 중요한 영양분이다. 마지막으로 칼륨은 꽃이 피고 열매를 성숙하게 하는 영양소로 커피 체리를 만드는 데 아주 중요한 영양소이다.

이처럼 커피는 씨를 파종하여 묘목을 만들고 농장에 심는 것으로 끝나는 것이 아니라 과학적으로 관리하고 여러 가지 환경들을 조성하는 것이 중요하다.

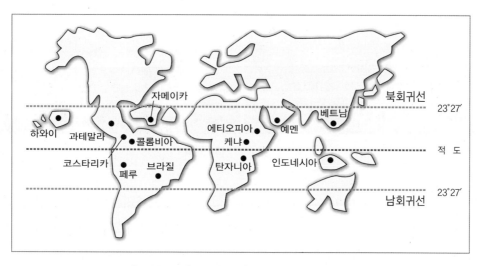

[그림 2-7] **커피벨트(커피 재배 가능지역)**

(2) 재배

생산된 커피나무 씨앗을 파종할 때는 체리 상태로 심는 것이 좋다. 하지만 과육을 벗겨낸 종자 (parchment, 파치먼트)를 심어도 싹을 틔울 수 있다. 현대에는 재배 기술이 발달하여 여러 가지 육묘사업과 함께 다양한 재배 기술이 알려져 있다. 가장 흔한 것이 육묘장을 만들어 플라스틱 포트에 종자를 파종하여 묘목을 생산하는 방식이다. 육묘장은 배수가 잘되게 하고 햇빛 가림막을 설치하여 직사광선을 줄여주어야 한다. 육묘장 온도는 평균 30℃를 유지해야 하며, 물을 자주 주어야 하므로 용수가 충분한 곳에 설치해야 한다. 포트에 종자를 심을 때는 종자 2~3개 정도를 약 2cm 정도의 깊이에 심고, 물을 자주 주어야 한다. 약 40일 정도가 되면 싹이 올라오는데 이때 1개의 포트에 2~3개의 싹이 올라오면 그중에서 가장 건실한 묘목을 남기고 나머지는 제거한다. 일반적으로 커피나무의 재배 방법에는 종자로 싹을 틔워서 키우는 방법과 건실한 묘목에서 가지를 잘라서 삽목하여 키우는 방법 그리고 접목으로 번식을 하는 방법이 있다.

[그림 2-8] **커피 묘목**

원래 커피나무는 높이가 약 10m까지 자랄 수 있는데, 나무 관리를 쉽게 하기 위하여 수형을 관리한다. 커피나무의 수형을 관리하는 전정 방법에는 크게 2가지가 있는데 나무를 강하게 키우고 열매가 잘 결실하도록 구조적으로 가지를 잘 뻗게 하는 전정과 나무의 노화로 인한 생산력 감소를 해결하기 위한 전정이 있다. 커피나무의 전정 형태는 single stem tree형과 multiple stem tree형이 있다. 커피나무의 전정 최적기는 대개 수확 직후로 단기간에 이루어져야 하며 다음 개화기까지 전정에 의한 스트레스가 회복되어야 한다. 커피나무의 크기는 체리의 수확을 용이하게 하기 위해 2~3m로 유지한다. 커피나무

(coffee tree)는 앞서 언급한 대로 그늘을 만들어 줄 수 있는 나무를 같이 심어주어야 한다. 이러한 그늘나무는 직사광선을 막아주는 효과 이외에도 바람과 습도를 유지하고 그늘을 만들어 잡초의 번무를 억제해주는 등 여러 가지 유익한 역할을 한다. 또한 좋은 품질의 커피를 생산하기 위해서는 나무의 관리가 아주 중요하다. 커피나무의 특징 중 하나가 꽃이 한 번 피어난 자리에는 다시 꽃이 나오지 않기 때문에 가지치기를 해서 새로운 가지가 자라나게 하고, 가지 중에서도 건실한 가지만 남기고 나머지는 잘라주어 영양분이 집중되게 하여 좋은 품질의 커피를 생산한다.

야생의 커피나무들은 숲의 낮은 층에서 강한 햇빛에 노출되지 않은 환경에서 자란다. 그늘을 만들지 않는 커피나무는 높은 광합성 활동과 생산능력을 가지지만 그에 비하여 더 많은 영양분을 요구하고 잎의 화상(leaf burn)을 초래하여 생산성을 감소시킨다. 그늘나무 식재에 의한 커피나무 재배는 몇 가지 장점을 가지고 있다. 첫째, 커피나무 아래의 유기물 생산이 이루어지고 토양상층부의 침식을 감소시킨다. 둘째, 잡초 성장을 억제하고 해거리(biennial bearing) 피해를 감소시킨다. 셋째, 커피콩의 크기를 향상시키고 알칼로이드 물질과 아로마 화합물질을 형성하게 도와주어 품질향상에 기여한다. 하지만 대규모 농장에서는 인위적인 그늘 재배가 꼭 필요한 것은 아니다.

3. 커피의 품종과 개량

(1) 커피의 품종

커피는 전 세계 농작물 무역으로 두 번째로 규모가 큰 경제작물이다. 따라서 자연적 또는 인위적인 품종 개량이 많아서 전 세계적으로 많은 품종을 가지고 있다. 이러한 품종 개량의 목적은 크게 두 가지로 첫 번째는 원종들을 병충해에 강한 종으로 만드는 것이고, 두 번째는 많은 수확을 얻는 것이다. 커피는 3원종을 주로 재배하는데 그중에서도 약 75%를 차지하는 아라비카와 약 25%를 차지하는 로부스타(카네포라)종이 대표적이다. 아라비카 종류에는 원종에 가까운 전통 품종도 있고, 돌연변이종이나 로부스타와 교배한 하이브리드종도 있다.

(2) 아라비카의 품종

에티오피아의 아비시니아 고원지대가 원산지라고 알려져 있는 아라비카 종류는 열대 각지에 퍼지면서 돌연변이나 교배를 반복해 수많은 품종이 만들어졌다. 현재 아라비카 종류에만 대략 약 70여종의 품종이 있다. 아라비카의 품종은 크게 재래종에서 유래한 에티오피아 원종, 게이샤, 예멘, 수마트라 및 티피카로 분류하고, 돌연변이로 만들어진 종으로 마라고디페, 켄트 및 버본이 있다. 자연교배로 얻은 품종으로는 문도노보 및 아카아이가 있고, 인공교배로 탄생한 품종으로는 파카마라 및 카투아이가 분포한다. 이러한 교배종들이 탄생하는 원인은 세계 원두커피 시장의 움직임을 보면 알 수 있는데, 이른바 '스페셜티 커피'로 대표되는 고품질 커피에 대한 관심이 높아져, 생산국과 소비국 모두 새로운 품질 평가 기준을 도입하고 있기 때문이다. 높은 평가를 얻고 프리미엄을 포함하여 고액의 가격으로 거래가 이루어지고 있는 커피는 대체로 아라비카 종류의 재래 품종인 티피카나 버본 및 카투라(버본의 돌연변이) 품종이다. 전통 품종이 생산성과 내병성이 낮다는 단점을 가지고 있다 하더라도 그 풍부한 풍미를 다른 커피가 대신할 수 없을 경우 이 전통 품종들을 보존하는 방법이 재검토되고 있다. 아라비카의 주요 품종은 다음과 같은 종류와 특징을 가지고 있다.

① Arusha(아루샤)

티피카 품종으로 파푸아뉴기니와 탄자니아 메루(meru) 산지에서 재배하고 있다.

② Sidikalang(시디카랑)

1880년경에 잎곰팡이병을 이겨낸 품종으로 인도네시아에서 주로 재배하고 있다.

③ Caturra(카투라)

1930년경 브라질 카투라 지역 근처에서 발견된 버본 품종의 돌연변이종으로 다양한 환경 적응성을 가지고 있어서 수확량이 많지만, 2년에 1회 수확이 단점이다. 녹병에도 강하며, 나무 높이가 작아서 중남미 지역에서 많이 재배하고 있다. 생두의 크기는 약간 작고 향미는 약간 떨어지는 편이다. 재배 적지는 표고 450~1,700m, 연간 강우량 2,500~3,500mm의 지역에서 잘 자란다. 풍부한 산미는 있지만, 약간 떫은맛이 있다.

④ Catuai(카투아이)

1940년경 브라질에서 처음 재배된 문도노보(Mundo Novo)와 카투라(Caturra) 품종의 교배종으로 환경 적응성도 높고, 나무의 높이도 낮다. 카투라와 달리 매년 결실한다. 충분한 시비를 필요로 하지만, 병해충에 강하고, 강한 비바람에도 낙하하지 않는다. 그러나 생육 기간이 대략 10여 년으로 짧은 것이 단점이다. 콜롬비아부터 중미에 걸쳐 넓게 재배되어 이 지역의 주요한 재배 품종이 되어 있다. 문도노보에 비하면 맛이 약간 단조롭고 감칠맛이 부족하다.

⑤ Colombian(콜롬비안)

일찍이 1800년대에 콜롬비아에서 재배된 품종으로 갓 볶았을 때 신맛이 강하고, 강한 향미가 있다.

⑥ Ethiopian Sidamo(에티오피아 시다모)

에티오피아 시다모[(현재 오로미아(Oromia)] 지역에서 재배하는 품종이다. 에티오피아 커피는 재배하는 지역 이름에 따라서 3종류의 주요 품종 Ethiopian Sidamo, Ethiopian Harar 및 Ethiopian Yirgacheffe가 있다. 에티오피아에서 경작하는 품종은 약 3,000종 이상으로 알려져 있다. 가장 특이한 품종이 예가체프 지역에서 재배하는 품종으로 이 지역에서 생산하는 커피는 향긋한 과일 향을 나타내어 고급 품질에 속한다. 경작 지역에 따라서 시다모, 하라, 시마, 리무, 테피 및 카파 등으로 구별하는데 그 맛과 향이 지역마다 다르다.

⑦ Hawaiian Kona(하와이안 코나)

하와이 본 섬의 코나 지역 후알랄라이(Hualalai)의 언덕에서 재배된 종으로 1825년경 Chief Boki에 의해 처음으로 소개된 품종이다.

⑧ Java(자바)

인도네시아 자바 섬에서 재배하는 품종으로 아라비카, 로부스타 그리고 종간 교배종으로 가장 광범위하게 알려져 있는 품종이다.

⑨ Typica(티피카)

전 세계에 분포하고 아라비카 종류 중에서는 가장 원종에 가까운 품종으로, 마르티니크 섬에서 여러 지역으로 전파된 커피나무의 자손나무이다. 세계 2대 재래품종이며 대부분의 아라비카 종류의 품종은 원종을 찾아가면 티피카에 도달한다. 1967년경에는 중남미의 콜롬비아, 쿠바 및 도미니카 등지에서 넓게 재배되었지만 현재는 소량만 경작하고 있으며, 하와이 코나, 자메이카, 파푸아뉴기니 등에서 생산하고 있다. 콩은 장형으로 길고 뛰어난 향기와 산미가 있지만, 녹병에 약하고 그늘나무를 필요로 하는 등 생산성이 낮으며, 버본처럼 격년으로 수확해야 한다.

⑩ Mocha(모카)

에티오피아에서 들어온 품종이지만 오랫동안 예멘에서 경작되었기 때문에 예멘의 고유 품종으로 구별한다. 예멘은 위치상으로 에티오피아 바로 위에 위치하는 나라이므로 커피나무의 전파가 쉽게 이루어졌다.

⑪ Geisha(게이샤)

1931년경 에티오피아 게이샤 지역에서 기원한 품종으로 케냐를 거쳐 탄자니아 그리고 코스타리카 등에서 재배됐으며, 현재는 파나마에서 경작하고 있다. 파나마 에스메랄다 농장에서 콘테스트를 해서 유명해진 품종이다. 생산량이 적어서 높은 부가가치를 지니고 있다.

⑫ Bourbon(버본)

티피카는 아라비카의 원종에 가까운 우량 아종으로, 버본은 티피카의 돌연변이로 태어난 아종으로 여긴다. 현존하는 커피 품종 중에서 가장 오래된 품종이라고 볼 수 있다. 예멘에서 동아프리카의 마다가스카르 섬의 동쪽, 인도양에 떠오르는 버본 등(현재 레유니온 섬)에 이식된 것이 기원으로 알려졌으며 후에 프랑스인들에 의해서 브라질에 전파되었다. 둥그스름한 작은 크기의 콩으로 밀생하여 생육하고 센터 컷(커피콩 중앙에 있는 홈)이 S자를 그리고 있는 것이 특징이다. 수확량은 티피카보다 20~30% 많기는 하지만 타 품종의 수확량에 비하면 적고, 격년 수확이서 생산성이 낮은 것이 단점이다. 문도노보, 카투라 등 버본의 교배종 즉 돌연변이를 브르보나드라고 부른다. 향기나 감칠맛이 뛰어나게 높다.

⑬ Mundo Novo(문도노보)

브라질에서 발견된 버본과 수마트라의 자연 교배종으로 환경 적응성이 높고, 병해충에도 강하다. 많은 체리를 생산하지만, 생육이 늦은 것이 단점이다. 콩은 중~대 정도의 크기이다. 나무의 높이가 3m 이상으로 너무 높아지는 것이 결점이어서 매년 나무 상부의 가지치기를 하지 않으면 안 된다. 1950년경부터 브라질 전 국토에서 재배가 시작되어 현재는 카투라, 카투아이와 대등한 브라질의 주력 커피 품종으로 널리 보급되어 있다. 산미와 쓴맛의 밸런스가 좋고 맛이 재래종에 가깝기 때문에, 이 품종이 처음 등장했을 때 장래성에 대한 기대를 담아 '문도노보(신세계라는 뜻)' 라고 이름을 붙였다.

⑭ Maragogype(마라고지페)

브라질에서 발견된 티피카의 돌연변이종으로 스크린 19 이상의 굵은 커피이며, 맛이 다소 떨어지지만 외관은 다른 커피에 비해 우수하다. 일부에서 선호하는 종류이지만 나무의 높이가 높아 생산성은 낮다.

⑮ Kent(켄트)

인도에서 생산하는 커피의 품종으로 생산성이 높고 녹병에 강하다. 티피카와 다른 품종과의 잡종이다.

⑯ Amarello(아마레로)

커피 열매는 익으면 보통 붉어지지만 이 품종은 품종 이름이(후기 라틴어 'amarellous' : 황색 같은 것) 나타내듯 노란 열매를 만들어낸다. 나무의 높이는 낮고 생산성은 높다.

⑰ Catimor(카티모르)

1959년 포르투갈에서 녹병에 강한 티모르종(아라비카와 로부스타의 교배종)과 버본의 돌연변이종 카투라가 교배되어 만들어졌다. 생산량이 많은 다산형의 공업용 품종 중에서는 탁월한 성장성과 다수확을 자랑한다. 나무의 높이는 낮지만 체리와 생두의 크기는 크다. 카티모르종을 기본으로 새로운 품종이 많이 만들어지고 있는데, 이 품종들은 대체로 나무가 튼튼하고, 환경 적응성이 높고 생산량이 많은 장점을 가지고 있다. 다만 저지대에서 재배하는 카티모르종은 다른 상업용 품종과 비교해도 뒤떨어지지 않지만, 표고 1,200m 이상의 고지에서 재배하는 버본이나 카투라, 카투아이 등에 비교하면 품질이 낮다.

[그림 2-9] 케냐 야외 커피박물관의 커피 품종 수목

(3) 품종 개량과 그 문제점

커피 품종 개량의 방법은 다른 식물 육종 방법과 유사하다. 커피를 재배하는 데 유용한 형질을 지닌 커피나무 품종 간의 자손을 얻어 이들 가운데 필요한 형질만을 선택하고 다시 이들 사이에서 얻은 자손들 중에서 유용한 형질을 얻어내는 방법이다.

20세기에 들어와서는 유전공학의 발달과 함께 자연적인 생식을 통해 품종을 개량하는 기존의 방법과는 달리 실험실 내에서 첨단장비를 이용하여 유전자를 직접 조작하여 원하는 유용한 형질을 지닌 품종을 빠른 시간에 만들어내게 되었다. 주요 커피 생산국에서 커피나무 품종을 개량하기 위하여 많은 노력을 하고 있다. 이러한 품종 개량은 다음과 같은 몇 가지 방향성을 가지고 있다.

첫째, 모든 품종 개량의 목표와 마찬가지로 많은 체리를 생산할 수 있는 다수확을 지향한다. 둘째, 커피 수확을 용이하게 하기 위하여 커피나무의 높이를 작게 하는 형질을 지향한다. 셋째, 커피나무에서 흔히 발생하는 녹병에 강한 품종을 지향한다. 넷째, 재배하는 환경에 잘 적응할 수 있는 종으로 개량한다. 또한 개화와 결실이 동시에 이루어지고 동시에 수확을 할 수 있는 형질과 생두의 크기가 크고 맛과 향이 좋은 품종으로 개량이 이루어지고 있다.

커피나무 품종 개량의 역사는 녹병에 강한 품종을 얻는 병해충 대책으로 시작하였으며, 많은 양을 생산하는 다수확에 대한 끝없는 추구로 이어졌다. 생산성 향상에 유용한 형질을 얻기 위해서 커피의 미각 향상은 소홀히 여겼다는 것이 취약점이다.

예전의 품종 개량 방식이 미각과 향미에 중점을 두지 못한 이유 중 또 한 가지는 커피 생산국 대부분이 커피를 소비하는 국가에 대외채무를 가지고 있다는 것이다. 이 국가들에서는 커피가 외화를 벌어들이는 주 수출품목이므로 매년 안정된 수확량이 필요했기 때문에, 커피의 증산을 목적으로 하는 품종 개량이 이루어질 수밖에 없었다. 이러한 이유로 향미와 맛이 뛰어난 재래 품종보다는 생산량을 늘려주는 하이브리드종이 품종 개량의 주 대상이었다.

표 2-1 아라비카와 로부스타(카네포라) 비교

구분	아라비카(Arabica)	로부스타(카네포라, Robusta)
원산지	에티오피아	콩고
종으로 기술된 연도	1753년	1895년
생두 모양	편평하다	둥글다
염색체 수(2n)	44	22
개화에서 체리 형성까지의 기간	약 9개월	약 10~11개월
개화 시기	비가 온 후	불규칙적
성숙한 체리의 상태	떨어짐	그대로 있음
수확량(kg beans/ha)	1,500~3,000	2,300~4,000
뿌리의 조직	땅속 깊게 형성	땅속 얕게 형성
최적 온도(연 평균)	15~24℃	24~30℃
최적 강수량	1,500~2,000mm	2,000~3,000mm
최적 고도(해발)	1,000~2,000m	0~700m
녹병에 대한 저항성	취약하다	강하다
곰팡이병에 대한 저항성	취약하다	강하다
선충에 대한 저항성	취약하다	강하다
관다발 진균병에 대한 저항성	강하다	취약하다
체리에 대한 질병 저항성	취약하다	강하다
카페인 함량	0.8~1.4%	1.7~4%
전형적인 맛의 특징	향미 우수, 신맛이 좋다	향미 약하고 쓴맛이 강하다
섬유질 평균 함량	1.2%	2%
주요 생산국	브라질, 콜롬비아, 코스타리카, 케냐, 탄자니아 등	베트남, 인도네시아, 인도, 카메룬, 우간다
생산량	60~70%	30~40%

표 2-2 아라비카 품종의 주요 산지별 종류

품종	주요산지
Typica	전 세계
Sumatra Mandheling, Sumatra Lintong, Sulawesi Toraja Kalossi, Timor, Arabusta, Java, Sidikalang	인도네시아
S795	인도네시아, 인디아
Caturra	라틴아메리카, 중앙아메리카
Bourbon, Pacamara, Pacas, Pache Comum, Pache Colis, Maragogype, Catuai	라틴아메리카, 르완다
Mundo Novo	라틴아메리카
Orange, Yellow Bourbon	라틴아메리카
Santos	브라질
Arusha	탄자니아, 파푸아뉴기니
Blue Mountain	자메이카, 케냐, 하와이, 파푸아뉴기니, 카메룬
Charrieriana	카메룬
Columbian	콜롬비아
Ethiopian Harar, Ethiopian Sidamo, Ethiopian Yirgacheffe	에티오피아
K7, Mayaguez, French Mission	아프리카
Hawaiian Kona	하와이
Mocha	예멘
Panama	파나마, 코스타리카
Sarchimor	코스타리카, 인디아
Ruiri 11, SL 28, SL 31	케냐

4. 커피의 영양과 건강

(1) 커피의 성분

커피 생두에는 수분이 10~13% 정도 들어 있고, 나머지는 유기물과 무기물 등 약 100여 가지가 혼합되어 있다. 우리가 흔히 알고 있는 주요 성분으로는 탄수화물, 지질, 질소화합물, 비타민, 알카로이드 및 유기산 등이 함유되어 있다. 따라서 많은 화합물로 이루어진 커피의 성분들은 사람들의 기호식품으로서 중요한 의미를 가지고 있다. 즉, 기호식품으로서 우리 인체에 생리적인 작용과 약리적인 영향을 미친다. 커피 생두의 주요 화합물들은 생산지역, 커피 품종, 가공과정 등에 의해 약간의 차이를 나타낼 수 있으나, 근본적인 차이는 없다. 하지만 생두에서 볶는 과정(로스팅)을 거치면서 원두가 될 때는 일부 성분은 소실되기도 하고 새로운 물질이 생겨나기도 한다.

표 2-3 볶은 콩을 기준으로 한 커피의 성분 (100g당 가식부)

영양성분		roasted beans	powder, instant	powder, decaffeined, instant	instant coffee solution	perco-lated	canned
열량(Energy)		371	352	224	4	4	11
수분(Water)		4.6	4.0	3.2	99	98.6	94
단백질(Protein)		13.7	19.5	11.6	0.3	0.2	0.6
지방(Fat)		13.5	0	0.2	0.1	0	0.4
회분(Ash)		4.5	7.9	9.0	0.1	0.2	0.1
탄수화물(CHO)		63.7	68.6	42.6	0.5	0.7	4.9
섬유질(Fiber)		13.4	0	검출되지 않음	0	0	0
무기질 (Mineral)	칼슘(Calcium)	98	160	140	4	2	10
	인(Phosphorus)	168	357	286	3	7	14
	철(Iron)	4.0	4.8	3.8	0.3	0	0.1
	나트륨(Sodium)	3	32	23	2	1	51
	칼륨(Potassium)	2,000	3,600	3,501	34	65	37
비타민 (Vitamins)	티아민(Thiamin)	0.05	0.02	0	0.07	0	0.06
	리보플라빈(Riboflavin)	0.12	0.2	1.36	검출되지 않음	0.01	0.1
	니아신(Niacin)	10	31	28.1	0.6	0.8	0.6

표 2-4 커피의 성분[농촌진흥청 식품성분표(2011년)]

영양성분		함량(100g당)	단위
열량		431	kcal
수분		4.6	g
단백질		13.7	g
지방		13.5	g
탄수화물		63.7	g
총식이섬유		N/A	g
회분		4.5	g
미네랄	칼슘	98	mg
	인	168	mg
	철	4	mg
	나트륨	3	mg
	칼륨	2,000	mg
비타민	비타민 A	0	RE
	레티놀	0	ug
	티아민	0.05	mg
	리보플라빈	0.12	mg
	나아신	10	mg
	비타민 C	0	mg
	베타카로틴	0	ug

1) 탄수화물

커피 생두가 함유하는 성분 중에서 가장 많은 것이 탄수화물이다. 탄수화물은 식물의 광합성에 의해 형성되는 물질로 동물의 에너지원으로 사용되고, 당질(glucoside)이라고 불리기도 한다. 아라비카 종류의 생두에서 탄수화물이 차지하는 비율은 약 50~55% 정도이며, 생두를 볶았을 때는 탄수화물 비율이 약 25~40% 정도이다. 로부스타 종류의 생두에서 탄수화물이 차지하는 비율은 약 40~45% 정도이다. 커피콩에 함유되어 있는 탄수화물의 종류는 크게 불용성과 수용성으로 나뉘는데, 이들 모두는 복잡한 혼합물로 구성되어 있다. 단당류에 속하는 5탄당으로는 arabinose 와 xylose, 6탄당에 속하는 종류는

glucose, mannose, galactose 및 fructose이다. 소당류에 속하는 2당류는 maltose 및 sucrose이며, 3당류에는 raffinose가 있다. 다당류에는 단순다당류와 복합다당류가 있는데 단순다당류에 속하는 종류는 starch, cellulose가 있고, 복합다당류에는 pectin이 있다.

표 2-5 생두에 포함된 탄수화물의 양(%, 건조된 생두)		
탄수화물 화합물 종류	아라비카	로부스타
monosaccharides	0.2~0.5	0.2~0.5
sucrose	6~9	3~7
polysaccharides	43~45	46~48
arabinose	3.4~4	3.8~4.1
mannose	21~22	21~22
glucose	6.7~7.8	7.8~8.7
galactose	10.4~11.9	12.4~14
rhamnose	0.3	0.3
xylose	0~0.2	0~0.2

2) 단백질

생두가 함유하고 있는 단백질은 약 8~12% 정도이며, 커피 품종에 따라서 약간의 차이는 있으나 두드러지는 차이는 없다. 단백질의 기능적인 면에서는 크게 구조단백질, 저장단백질 및 효소로 나눌 수 있고, 이들의 공통점은 아미노산(amino acid)으로 총칭하는 물질로 이루어졌다는 점과 고분자화합물이라는 점이다. 이러한 단백질은 식품에서 영양뿐 아니라 풍미, 물성의 차이를 나타낸다. 아라비카 및 로부스타의 생두에 포함되는 주요 아미노산의 종류를 알아보면 다음과 같다. 지방족아미노산이면서 중성아미노산에 속하는 glycine, valine, leucine 그리고 serine 산성아미노산에 속하는 아스파르트산(aspartic acid)과 글루탐산(glutamic acid)이 있다. 염기성아미노산인 lysine과 방향족아미노산에 속하는 phenylalanine 그리고 복소환아미노산에 속하는 proline 등이 있다.

표 2-6 커피 생두와 볶은 콩의 단배질 조성 비율(%)

아미노산의 종류	아라비카		로부스타	
	생두	볶은 콩	생두	볶은 콩
alanine	4.75	4.76	4.87	6.84
arginine	3.61	0	2.28	0
asparagine	10.63	9.53	9.44	8.94
cysteine	2.89	0.76	3.87	0.14
glutamic acid	19.88	21.11	17.88	24.01
glycine	6.4	6.71	6.26	7.68
histidine	2.79	2.27	1.79	2.23
isoleucine	4.64	4.76	4.11	5.03
leucine	8.77	10.18	9.04	9.65
lysine	6.81	3.46	5.36	2.23
methionine	1.44	1.08	1.29	1.68
phenylalanine	5.78	5.95	4.67	7.26
proline	6.6	6.82	6.46	9.35
serine	5.88	2.6	4.97	0.14
threorine	3.82	2.71	3.48	2.37
tyrosine	3.61	4.11	7.45	9.49
valine	8.05	6.93	6.95	10.47

3) 지질

생두가 함유하고 있는 지질은 품종에 따라서 약간의 차이는 있지만 보통 10~15% 정도이다. 유지의 총량으로 보면 로부스타 종류보다는 아라비카 종류가 약 20% 정도로 많고, 로부스타 종류는 약 10% 정도 함유한다. 생두에 들어 있는 지질은 대부분이 배젖(endosperm)에 들어 있고, 나머지는 생두 표면에 함유되어 있다. 커피 생두에 함유된 지질의 주요 종류는 포화지방산의 일종인 팔미트산(palmitic acid)와 불포화지방산의 일종인 리놀레산(linoleic acid)으로 크게 나뉜다.

아세트산(acetic acid, $C_2H_4O_2$)은 커피 가공 공정에서 생성되는데, 첫 번째는 발효과정에서 생겨나고 두 번째는 볶는 과정에서 생겨난다. 생두였을 때 아세트산 농도가 0.01%db

이면, 볶는 과정을 거치면서 약 25배가 넘는 0.25~0.34%db까지 높아진다. 이러한 아세트산의 증가는 커피의 향을 형성하는 데 중요한 역할을 한다.

표 2-7 커피 생두에 함유되어 있는 지질의 종류 및 함량

지질의 종류	함량(%)
triglycerides	75.2
esters of diterpene alcohols & fatty acids	18.5
diterpene alcohols	0.4
esters of sterol & fatty acids	3.2
sterol	2.2
tocopherols	0.04~0.06
phosphatides	0.1~0.5
tryptamine derivatives	0.6~1

(2) 커피의 미량 원소 및 생리기능 물질

1) 카페인(Caffeine)

커피에 함유되어 있는 미량 원소 중에서 가장 중요한 것이 카페인이다. 카페인은 알카로이드 계통으로 1820년 독일 화학자 Friedrich Ferdinand Runge가 처음으로 카페인을 분리하였으며, 특징으로는 냄새가 없고 쓴맛을 가진 백색의 결정체로 물에 잘 녹기 때문에 추출할 때 쉽게 물과 함께 용출된다. 19세기 말에는 Hermann Emil Fischer가 카페인의 화학구조를 밝혀내었으며, 화학식은 $C_8H_{10}N_4O_2$이다. 체내에 흡수되었을 때는 중추신경계(CNS)에 대한 자극제 역할을 하여 각성효과를 나타내지만 카페인이 체내에 축적되는 것은 아니며, 대략 3~4시간 정도면 분해되고 12시간 정도 지나게 되면 대부분 체내에서 배출된다.

커피 종류에 따라서 카페인 함유 정도가 약간 다르게 나타난다. 아라비카 종류에는 평균 1.2% 그리고 로부스타 종류에는 약 2.2%의 카페인이 함유되어 있어서 로부스타 종류가 카페인 함량이 높다. 또한 카페인의 함량은 커피를 추출하는 방법에 따라서 매우 차이가 많이 난다. 하지만 카페인은 볶는 과정에서는 손실이 거의 없을 정도로 안정된 화합물이다.

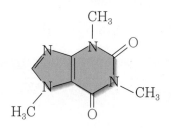

[그림 2-10] 카페인 분자구조

표 2-8 종에 따른 다양한 품종의 카페인 함량

종	품종	커피나무 잎	커피콩
아라비카	Mundo Novo	0.98	1.11
	Typica	0.88	1.05
	Catuai	0.93	1.34
	Laurina	0.72	0.62
로부스타	Robusta	0.46	> 4
	Kouillon	0.95	2.36
	Laurenti	1.17	2.45

표 2-9 일반적인 음료의 카페인 함량

음료의 종류	카페인 범위(mg)
Brewed coffee(8oz)	65~120
Instant coffee(8oz)	60~85
Decaffeinated coffee, brewed(8oz)	2~4
Decaffeinated coffee, instant(8oz)	1~4
Espresso coffee(1oz)	30~50
Jolt cola(12oz)	71
Mountain Dew(12oz)	54
Coca-Cola(12oz)	46

2) 클로로겐산(chlorogenic acid)

클로로겐산은 화학식이 $C_{16}H_{18}O_9$이고 분자량은 354.31이다. 주로 아라비카 종류에 약 6% 정도가 함유되어 있으며 카네포라(로부스타) 종류에는 약 10% 정도가 함유되어 있다. 카페인산(Caffeic acid)와 퀸산(quinic acid)의 유도체로 커피 속에 다량 포함되어 있는 무색의 폴리페놀 화합물의 일종이며, 커피콩 특유의 착색 원인물질이다. 물에 잘 녹고 쓴 맛이 나며 독성을 나타내기도 한다. 인체 내에서 과산화지질의 생성 억제효과, 콜레스테롤 생합성 억제효과 및 항산화 작용, 항암작용 등을 한다.

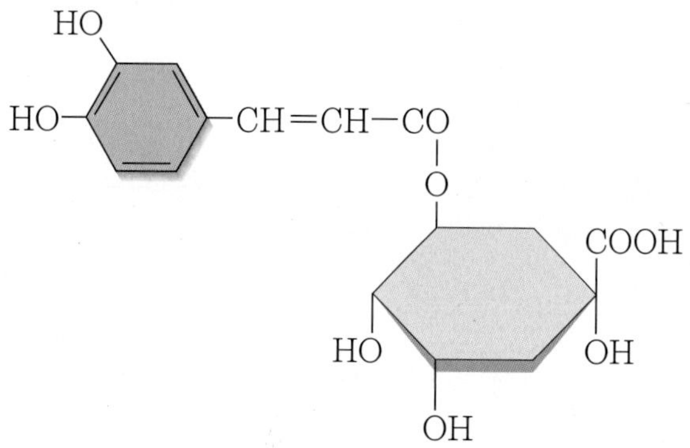

[그림 2-11] **클로로겐산 분자구조**

Chapter 03

커피의 수확·
가공·품질 평가

1. 커피의 수확

(1) 커피나무의 병충해

1) *Stephanoderes hampei*(바구미벌레의 한 종류, Broca del cafe)

이 벌레는 길이 약 1.6mm, 폭 0.7mm의 아주 작은 무당벌레(바구미벌레)의 일종으로 아프리카가 원산이며, 전 세계 커피나무에 가장 위험한 해충으로 알려져 있다. 특히 라틴 아메리카를 중심으로 약 70여 나라에 영향을 미치고 있으며, 주요 숙주 식물은 *Coffea arabica*이다. 커피 열매가 열리면 암컷의 성충이 열매 내부로 들어가 씨를 먹어버리기 때문에 벌레가 확산되기 전에 체리를 수확하여 방제하는 방법과 살충제를 사용하는 방법이 있다. 개미는 이 벌레의 주요 포식자이므로 자연방제를 하는 데 용이하게 사용할 수 있다. 이 벌레에 강한 커피나무는 *Coffea kapakata*이다.

[그림 3-1] 커피 병충해 사진

2) *Perileucoptera coffella*(Bicho mineiro)

이 벌레는 길이 2mm, 폭 0.8mm인 작은 벌레이고 아프리카가 원산이며 1850년대에 브라질에서 발견되어 확산되었다. 이 벌레는 커피나무의 잎을 갉아 먹어 피해를 주는데, 잎이 피해를 받으면 광합성을 할 수 없어 영양분을 만들어내는 데 지장을 받게 된다. 이 벌레의 유충은 30여 일간 커피나무 잎을 먹어 치우기 때문에 적기에 방제를 하지 않으면 많은 피해를 준다. 브라질 등에서는 여러 가지 살충제를 개발하여 사용하고 있다.

3) *Hemileia vastatrix*(녹병, Coffee leaf rust, CLR)

커피 녹병은 커피 잎에 생기는 균류의 일종으로 1970년 브라질의 커피나무에 피해를 주기 시작하여 세계의 모든 커피 재배 국가로 확산되고 있다. 커피 녹병의 증상은 1860년 대 스리랑카에서 처음 관찰되었고, 균의 포자는 농포라고 하는 수포를 퍼뜨려 더욱 많은 포자를 만들어낸다. 포자는 공기, 비, 사람, 동물, 곤충 및 여러 가지 농기구 등에 의해서 다른 지역으로 전염된다. 커피 녹병은 주로 우기 중에 발생하는데 특히 온도 및 습도 등의 조건이 만들어지면 포자가 발아하여 일제히 퍼지게 된다.

커피 녹병은 커피나무 잎에 오렌지색의 반점이 생겨 확산되고, 잎이 서서히 말라 죽다 가 결국에는 나무도 죽게 되는 무서운 병이다. 이 곰팡이 균은 전염력이 강하기 때문에 예 방과 방제가 중요하다. 보통은 구리가 함유된 살균제를 연간 5회 정도 도포하고, 특히 아 라비카 종류에 잘 발생하기 때문에 주의해야 한다.

[그림 3-2] **커피 녹병 사진**

4) *Colletotrichum kahawae*

(CBD, Coffee berry disease, Anthracnose of coffee, Brown blight of coffee)

*Colletotrichum*속의 곰팡이 균으로 커피 열매의 결실 초기에 작은 수침상의 병반을 형 성하고, 심해지면 열매가 검은색으로 변하고 쪼그라들면서 열매가 부패한다.

병원균 특성은 진균계의 자낭균문에 속하며, 병원균의 분생포자는 암갈색 난형(ovate) 이고, 부착기(appressorium)는 성숙한 포자에서 생성된다. 분생포자는 12.5~19×4㎛ 크기이고, 습한 환경에서 주로 번식하고 빗물에 의해서 확산된다. 이 병에 걸리면 어린 과 실의 잎자루, 어린 과실 또는 성숙과실이 코르크화하며, 습한 조건의 꽃이 피해를 입는다.

(2) 커피의 수확

1) 커피의 수확 시기

커피의 수확은 각 생산국가의 산지 특성에 따라 다양하게 이루어진다. 같은 지역에서 재배하는 커피나무도 고도에 의한 차이로 수확 시기가 다르게 나타난다. 커피가 생산되는 지역 중에서 적도를 중심으로 남쪽에 위치하는 남반구에서는 보통 4월~8월까지 수확하고, 북쪽에 위치하는 북반구에서는 9월에서 이듬해 3월까지 수확이 이루어지며, 적도 지역에서는 연중 수확이 가능하다. 커피나무는 비가 오는 우기에 꽃이 피고 수정되어 열매를 맺는다. 수정된 열매가 성숙하여 체리가 되면 건기에 수확을 하게 되는데, 건기에 비가 오면 수확 시기를 놓치거나 병충해 때문에 생산량이 감소하게 된다. 커피 열매의 수확 시기 및 방법은 커피 품질을 결정하는 데 아주 중요하다. 즉 커피나무의 종류 및 생육하는 해발고도 그리고 커피나무에서 익어가는 속도의 차이 때문에 한꺼번에 수확하기가 힘들다. 또한 커피를 수확하는 시기는 다음과 같이 재배지역, 해발고도 및 재배경도 등의 차이에 따라 다르게 나타난다.

① 재배지역에 따른 차이

㉠ 적도에서 떨어진 지역

적도에서 떨어진 지역의 경우 연 1회가 일반적인데, 가을에서 겨울에 걸친 시기에 수확한다.

㉡ 적도에 근접한 지역

적도에 근접한 지역의 경우에는 1년에 두 번 수확을 하는데, 콜롬비아, 에콰도르, 케냐, 탄자니아, 우간다 등지에서는 우기와 건기가 두 번 반복되어 주로 건기에 생산량이 많은 메인 크롭을 수확하고, 그 다음 건기에 미드 크롭을 수확한다. 적도에서 가까운 지역에서는 1년 내내 수확하는 곳도 있다.

② 해발고도의 차이

동일한 생산국가 내에서도 해발 고도에 따라 기온의 차이가 있어서 고도가 낮고 기온이 높은 곳에서 수확이 먼저 시작되고, 고도가 높고 기온이 낮은 지대에서는 수확이 늦어진다.

③ 재배경도와 해발 고도에 따른 차이

커피나무의 생육과 재배지역은 기후 특성, 특히 동계 최저 기온의 영향을 가장 많이 받는다. 일반적으로 적도에서 멀리 떨어지면 최저 기온이 영하로 내려가 서리가 내리는 지역이 많으며 이러한 지역에서는 커피의 생육과 재배가 어렵다. 따라서 적도에서 멀어질수록 재배 가능지역의 해발고도가 낮아진다. 반대로 적도 바로 밑에서는 고산지대에서 커피나무가 생육할 수 있는데, 표고 2,000m를 넘는 고산지대에서도 재배가 가능하다.

표 3-1 주요 커피 생산국가의 수확 시기

구분	6월	7월	8월	9월	10월	11월	12월	1월	2월	3월	4월	5월
인도네시아	■	■	■								■	■
베트남							■	■	■	■		
브라질	■	■	■	■	■							
콜롬비아	■	■			■	■	■	■	■	■		■
코스타리카					■	■	■	■	■	■		
과테말라					■	■	■	■	■	■		
멕시코						■	■	■	■	■		
케냐					■	■	■	■				
탄자니아				■	■	■	■	■	■	■		
에티오피아					■	■	■	■	■	■		
예멘					■	■	■	■	■			

2) 커피의 수확 방법

커피나무의 열매는 성숙함에 따라 짙은 녹색에서 연녹색→담적색→붉은색→진한 붉은색→어두운 붉은색→붉은 빛이 도는 검은색으로 변화하여 체리가 된다. 커피의 열매는 개화한 순으로 수정하여 결실을 맺으며 성숙하기 때문에 성숙한 열매만을 개화한 순으로 수확하는 것이 좋다. 하지만 같은 농장이라 하더라도 모든 나무가 동시에 개화하지 않고 열매의 성숙이 일정하게 진행되지 않으므로 성숙한 과실만을 수확하는 것은 현실적으로 힘들다.

커피의 수확 방법은 커피의 품질과 가공방법에 따라 달라진다. 커피 수확 방법은 크게 사람 손으로 수확하는 방법[핸드 피킹(hand picking)과 스트리핑(stripping)]과 기계를 이용한 수확[기계수확(mechanical harvesting)]으로 나눌 수 있다. 커피 열매를 수확할 때는 가장 좋은 커피를 얻는 것을 목적으로 해야 한다. 따라서 기계적인 수확보다는 사람이 직접 잘 익은 체리만을 수확하는 방법이 가장 좋다. 이러한 핸드 피킹(hand picking)의 경우에는 여러 번에 걸쳐서 익은 열매만 수확하지만, 기계수확이나 핸드 스트리핑(hand stripping)의 경우 나무 전체의 열매를 한 번에 수확하기 때문에 수확 시기 결정이 매우 중요하다. 너무 빨리 수확을 하거나 늦게 수확을 하면 품질의 저하를 가져오기 때문에 커피나무에서 익어가는 열매의 상태 및 농장에 재배하는 커피나무 전체를 살펴서 수확 시기를 결정해야 한다. 커피 열매의 성숙시기를 결정하는 것은 엄지와 검지로 눌러짜서 씨가 쉽게 빠져 나오면 익은 것이므로 이 기준으로 전체 수확을 결정하게 된다. 다음은 각 수확 방법에 따른 특징이다.

① 핸드 피킹(Hand picking)

커피나무에서 성숙한 체리를 손으로 하나하나씩 따는 방식으로 고품질의 커피를 생산할 수 있는 방법이다. 자연형의 농장이나 고산지대의 비탈에서 재배하는 커피 열매는 일일이 사람의 손으로 채취해야 한다. 바구니를 등에 업고 붉게 성숙한 열매를 손으로 하나씩 따는 방법이다. 수확기에 이미 땅에 떨어진 커피 열매는 직접 수확하는 커피에 섞이지 않도록 별도로 모아 가공해야 한다. 커피 열매를 수확하는 노동자들의 숙련도에 따라 다르지만 현실은 앞서 말한 것처럼 완전히 성숙한 열매가 100%라고는 말할 수 없고 녹색의 미성숙 열매가 상당량 혼입된다. 그러나 다른 방법에 비해 비교적 안정된 방법이고 이물질의 유입이 적은 우수한 수확 방법이라 할 수 있다. 일반적으로 경사지나 그늘나무 재배 방법을 택하는 농장 또는 워시드 커피(수세처리)의 생산지역에서 이 수확 방법을 이용하지만 인부한 명이 하루에 적게는 50kg에서 많게는 150kg까지 수확을 하고 한 수확기에 10회 이상 노동력을 투입해야 하기 때문에 인건비 등 수확 비용은 높은 편이다. 아라비카 종류나 소규모 개인농

[그림 3-3] 커피 수확(핸드 피킹)

장의 로부스타 종류들도 대부분 이 핸드 피킹을 이용하여 수확을 한다. 하지만 아라비카 종류라 하더라도 대량 재배하는 저품질의 커피 열매인 경우는 기계수확(mechanical harvesting)이나 스트리핑(stripping)을 이용한 수확을 한다.

② 핸드 스트리핑(Hand stripping)

커피나무에 성숙한 열매가 있는 나뭇가지를 손가락 엄지와 검지 사이로 훑어서 수확하는 것을 스트리핑(stripping)이라 하고, 미성숙한 열매, 성숙한 열매 및 과성숙한 열매 등을 한꺼번에 지면으로 떨어뜨려 수확하는 방법이다. 핸드 스트리핑 방식은 브라질처럼 평탄한 재배 환경을 가진 지역에서 사용하며, 모래 토양과 고온 건조한 기후를 가진 지역으로 모든 열매를 완전히 건조하는 것이 가능한 생산지에서 적합한 방법이다. 핸드 스트리핑 방식을 사용할 경우에는 수확 전에 나무 주위의 흙덩어리, 작은 돌, 마른 잎, 커피나무의 잔가지 등을 정리하고 성숙한 열매 또는 건조된 열매만 훑어 떨어뜨려야 한다. 이 작업은 지면에 떨어져 있는 오래된 열매와 새로 수확한 열매가 혼입되지 않게 하기 위해 분리하는 작업과정이 중요하다. 수확 비용은 저렴하지만 품질이 떨어질 위험이 있는 수확 방법이다.

③ 훅 하베스팅(Hook harvesting)

커피나무가 높거나 손이 가지에 닿지 않을 때 쓰는 방법으로 긴 막대 등을 이용하여 커피나무 가지를 흔들거나 때려서 익은 열매가 땅에 떨어지게 하는 방법이다. 브라질 같은 지형이 평탄하고 대규모 커피농장이 형성된 곳에서 기계를 도입하기 전에 쓰던 방법이다.

④ 기계수확(Mechanical harvesting)

커피 열매를 수확하는 데 사용하는 기계는 일반적으로 콤바인이라고 하는 기계이며 높이가 약 2.5m, 넓이가 약 1.5m 크기이다. 이 콤바인은 커피나무 위를 운전하면서 커다란 유리섬유나 나일론 등으로 만든 브러시로 나뭇가지를 흔들거나 털면서 지나가는 수확 방법이다. 브라질의 세하도 및 파젠다 지역처럼 평지에 위치하면서 커피나무의 크기가 일정하고 나무를 일정한 간격으로 심어 재배하는 대규모 농장지역에서 사

[그림 3-4] 커피 수확(기계식)

용할 수 있다. 경작지가 평탄한 지형이어서 수작업으로 수확할 때의 1/5~1/6의 비용으로 수확이 가능하다. 커피 열매가 약 70% 정도 익었을 때 수확하는 것이 경제적이지만 성숙하지 않은 열매, 나뭇잎 및 나뭇가지 등이 많이 섞이기 때문에 2차 분류작업이 필요하다. 커피콩의 품질이 좋지 않은 로부스타 종류와 아라비카 종류의 수확 시 또는 건식법(sun dry)으로 가공하기 위하여 이 방법을 이용한다.

표 3-2 수확 방법 종류에 따른 비교

수확 방법 종류	장점	단점
핸드 피킹 (Hand picking)	• 커피 품질이 우수 • 사람 손으로 직접 잘 익은 열매를 수확하기 때문에 이물질 혼입이 없음	• 수확비용의 과다 • 숙련된 노동력 공급이 어려움
핸드 스트리핑 (Hand stripping)	• 일시 수확으로 수확비용 절감 • 대규모 농장에서 용이	• 나무의 손상 발생 • 수확 시기 결정이 쉽지 않음 • 품질의 불균일성 • 이물질 혼입이 많음 • 2차 선별작업 필요
기계수확 (Mechanical harvesting)	• 수확비용 절감 • 노동력이 부족한 나라에 용이 • 대규모 농장에서 용이	• 커피의 품질 저하 • 나무의 손상 발생 • 소규모 농장에서는 사용 불가 • 이물질 혼입이 많음 • 2차 선별작업 필요

3) 커피나무 한 그루당 수확량

커피나무를 재배하는 지역에서는 커피나무 묘목을 흔히 볼 수 있는데 이러한 묘목은 농장에 정식한 후 3~4년이 지나야 첫 커피 열매를 수확할 수 있다. 커피나무 한 그루당 수확할 수 있는 양은 얼마 되지 않으며 정식한 후 10년이 지나야 기대하는 양만큼 수확할 수 있다. 이후 수령이 20~25년이 되면 가장 많은 수확량을 얻을 수 있다. 커피나무의 수령이 30년이 지나면 노쇠하여 수확량이 줄어들게 되고, 새로운 품종으로 교체하지 않을 경우 뿌리부터 60cm 가량 남기고 나무를 잘라버린다. 그러면 남은 나무 밑동에서 다시 잔가지가 자라서 5년 정도 커피를 더 수확할 수 있다.

커피의 수확량은 품종과 토양 그리고 기후 등 여러 가지 환경조건에 따라 달라지기 때문에 정확한 수확량을 추산하기는 어렵지만 정상적으로 수확할 경우 평균적으로 커피나무

한 그루에서 커피 열매의 수확량은 연간 약 2.3kg정도이고, 이를 가공한 생두는 1~1.5kg 정도가 생산된다. 품종에 따른 차이도 있어서 아라비카 종류는 연간 0.7~1kg, 로부스타 종류는 1~1.5kg의 열매를 수확한다. 커피는 척박한 토양에서 자라지만 요즘은 수확량을 늘리기 위해 화학비료를 시비하는 농장이 많다. 그에 반해 유기농 커피를 생산하는 농장 도 꾸준히 증가하여 생산량은 적지만 품질 향상을 위해 노력하고 있다. 요즘은 우리나라 에서도 제주도와 전라남도 해안지역 그리고 강원도 강릉 지역에서도 커피나무를 재배하 는 농가나 업체가 늘어나고 있으나, 대부분이 온실하우스로 재배하는 것이고, 경제적인 소득 창출을 위한 생산은 아직 불가능하다.

2. 커피 열매의 가공

커피나무에서 숙성한 열매를 체리라 하고, 수확한 체리에서 생두를 분리해 내는 과정을 체리 가공이라 한다. 체리를 가공하는 과정은 크게 선별과정, 세척과정, 건조과정 그리고 보관으로 나눌 수 있다. 이러한 모든 과정은 커피의 품질과 향미를 결정하는 데 아주 중요 하다. 따라서 가공과정에 대한 기본적인 이해를 하지 못하면 커피의 품질과 향미를 이해 하는 데 어려움을 겪을 수 있다. 커피 체리의 수확과정이 지역마다 각각 다르듯이 가공과 정 또한 지역에 따라서 차이가 있다. 하지만 현대에는 대규모 농장에서 기계화된 가공과 정을 거치고 있어서 인건비 및 시간을 절약하는 장점을 가지고 있다.

(1) 커피 세척 및 정제과정

1) 건식 과정(자연건조, Dry process, Natural, Unwashed)

건식 방법은 오래된 커피 정제과정으로 'natural' 또는 'unwashed'라고 한다. 수확한 체리를 건조대 또는 마당에 넓게 깔아서 태양에 직접 건조하는 방법이다. 건조된 체리는 씨앗과 껍질이 쉽게 분리되어 생두를 얻을 수 있다. 이러한 방법을 자연건조법이라고 하 며, 건조 시 얼룩짐이나 발효를 막기 위해 주기적으로 뒤섞어주어야 한다. 건조하는 기간 은 과실의 숙성 정도에 따라 달라지며 숙성도가 높으면 1주일 정도, 체리가 미숙성이면 2 주일 정도가 필요하다.

건조기간이 1주일 정도 지나면 붉은색을 띠었던 체리가 검은색으로 변하는데, 외피와 과육이 딱딱해지고 벗기기 쉽게 건조된다. 건조하는 기간에는 야간에 노천 및 건조대에 시트를 덮어 밤이슬을 차단하여 부패를 막고 쉽게 건조되도록 해야 한다. 이렇게 검은색으로 건조한 체리를 브라질에서는 콕코라고 부른다. 날씨가 좋아서 건조가 순조롭게 진행되면 체리의 수분 함유율은 약 11~12% 정도가 된다. 건조가 끝나면 일반적으로 커피 생두의 수분 함유율을 약 12~13% 상태로 맞추어 수출한다.

자연건조법은 작업 공정이 단순하고 설비 투자도 적으며 비교적 저비용으로 행할 수 있기 때문에 이전에는 대부분의 커피 생산국이 자연건조법을 사용하였다. 하지만 자연건조법은 건조시기의 기후 조건에 좌우되거나 정제 날짜가 많이 소요되는 단점 때문에 브라질, 에티오피아, 예멘, 볼리비아 및 파라과이 등을 제외한 대부분의 아라비카 종류를 주로 생산하는 주요 커피 생산국이 습식 과정으로 바뀌고 있다.

브라질에서는 자연건조법을 주로 사용하는데, 방대한 커피 체리를 정제 처리할 만한 물의 양을 확보하기 어렵다는 것과 넓은 평지를 확보할 수 있는 특유의 지형이 자연건조법에 맞아 떨어진다. 그러나 최근에는 점차 수세식이 도입되어 결점두가 거의 없을 정도로 정제도 높은 커피콩을 생산하고 있다. 자연건조법의 단점은 불순물이나 결점두 등이 많이 혼입되는 것이다. 예멘 등의 국가는 커피를 많이 확보하는 것이 어렵기 때문에 자연건조법을 사용하여 정제한 모카와 마타리 종류가 독특한 산미와 감칠맛으로 부가가치를 높이고 있지만, 인도네시아에서 생산하는 커피 종류 중에서 자연건조법을 이용하여 정제하는 수마트라와 만델링 품종은 콩이 고르지 않고 결점두나 불순물도 많다는 단점을 가지고 있다. 최근에는 에티오피아에서 생산하는 커피도 주로 습식 과정으로 정제한 커피콩이 증가하고 있고, 주로 유럽을 겨냥한 고급품으로 수출되고 있다.

자연건조법의 주요 과정을 보면 커피 체리를 수확하여 이물질을 제거하는 선별과정을 거치고 태양에 의해 자연건조한 후 창고에 저장한다. 저장된 건조 체리를 탈곡(hulling) 과정을 거쳐서 선별하고 포장하여 보관하는 가공과정을 거친다.

[그림 3-5] 커피 정제(건식 과정)

2) 습식 과정(수세식, Wet process, Washed)

커피 체리를 수확하여 세척하는 방법 중에서 일찍이 18세기 중반부터 널리 이용해온 것이 습식 방법(수세식)이다. 습식 방법의 과정은 우선 커피 체리에서 과육만 제거하고 그다음에 내과피(안쪽 껍질)에 남아 있는 미끈미끈한 과육을 발효조에서 제거한 다음 콩을 씻어서 건조하는 방법이다. 건식 방법과 습식 방법의 차이는 건조한 후에 과육을 제거하는 것(건식)과 과육을 먼저 제거한 후에 건조하는 것(습식)의 차이라고 할 수 있다.

습식 방법은 각각의 공정에서 불순물(돌이나 찌꺼기 등)이나 결점두가 차차 제거되기 때문에 생두 단계의 정제도가 다른 방법에 비하여 극히 높다. 생두의 표면도 깨끗하여 일반적으로 고품질 상품으로 건식 방법에 비하면 약간 고가에 거래되고 있다.

다만 다른 방법에 비해 공정이 많은 만큼 작업이나 위생관리 면에서 부주의 등에 의한 위험 요소가 있기 때문에 습식 방법이 반드시 좋다고 말할 수는 없다. 습식 방법에서 발생하는 가장 큰 문제점은 발효과정에서 콩에 이취가 흡착하여 생두 전체를 폐기해야 하는 경우도 생긴다는 것이다. 발효과정에서 이취가 콩에 흡착하는 원인은 발효조의 위생상태 불량 등 사전점검 부족이다. 발효조의 청소가 불량하거나 온도 및 습도의 변화가 너무 크면 발효조 안의 미생물 상태에 미묘한 변화를 초래하고, 결과적으로 발효 시 이취가 발생하는 경우가 있다. 또한 습식 방법에는 정제 공정이 많아서 설비 투자는 물론이고 모든 정제 과정에 시간이 많이 소요되기 때문에 생산 단가가 높아진다.

그러나 습식 방법으로 정제한 커피는 콩에 이물질이 없고 깔끔한 맛과 향을 나타내기 때문에 중요하다. 습식 방법은 다음과 같은 과정을 거친다.

① **수확과정** : 커피 체리를 수확하여 선별장으로 옮긴다.

② **이물질 선별작업** : 커피 체리를 커다란 수조에 넣어서 하루 정도 놓아두면 숙성한 체리는 가라앉고 숙성하지 않은 체리는 물 위에 뜨게 된다. 또 수확할 때 이물질 등이 물 위로 떠오르면 분리하여 건져낸다.

③ **과육 제거(펄핑, Pulping)** : 흐르는 물과 함께 과육 제거기에 통과시켜 껍질을 제거하는 작업으로 한쪽은 과육 및 이물질이 나오고 다른 한쪽은 생두가 나오게 하여 분리한다. 수조의 배출구를 열어 카나르라고 불리는 유수로에 파치먼트(parchment, 내과피)를 흘려 보내며 씻는다. 그 외에도 물로 씻은 후에 약품을 사용해 제거하는 방법도 있다. 이 처리에는 산성(염산, 황산)이나 알칼리성(탄산소다, 가성소다) 등의 약품을 사용하는데, 사용 전에 테스트를 하여 사용량과 시간을 파악하는 것이 좋다.

요즘에는 높은 효과를 보이는 알칼리성의 금속화합물을 주원료로 하는 약품이 있어 이것을 사용하면 2시간 만에 제거가 가능하다. 이상의 공정을 적절히 시행하면 양질의 커피가 생산된다.

④ **발효과정** : 과육 제거가 끝난 파치먼트 상태의 점액질을 제거하기 위하여 발효조에 옮겨서 수조에 담가 두는 시간은 일반적으로 기온이 높은 지대에서는 단시간(약 8~18시간), 기온이 낮은 고지대에서는 장시간(18~36시간)이다. 이때는 이물질 및 점액질 등이 콩에서 분리된다.

⑤ **세척작업** : 발효가 끝나면 수세장으로 옮겨서 흐르는 물에 나머지 이물질을 제거한다.

⑥ **건조과정** : 세척작업이 끝난 파치먼트 상태의 콩은 건조과정을 거치는데 건조 방법에는 태양을 이용한 자연건조, 실내건조 및 기계건조 방법이 있다. 자연건조법에는 크게 patio drying과 screen drying 방법이 있으며, 건조과정에서 2차 발효를 방지하기 위해 약간 고온인 60℃에서 약 10시간 동안 건조시키는 기계식 건조 방법을 많이 사용한다. 건조과정에서는 파치먼트 상태로 건조하며 보통의 농장에서는 파치먼트 상태로 보관한다.

⑦ **숙성과정** : 파치먼트 콩 상태로 실내에서 약 15~20일 정도 숙성과정을 거치는데 이러한 숙성과정은 커피의 신선도를 유지하는 데 중요하다.

⑧ **탈곡(Hulling)과정** : 숙성과정을 거친 파치먼트 상태의 콩을 탈곡기에 넣어서 파치먼트를 제거하는 과정이다. 탈곡과정이 끝나면 생두가 탄생한다.

⑨ **선별과정** : 탈곡과정을 마친 생두를 크기별로 나누고 마지막으로 이물질을 제거하고 결점두를 구별하여 나누는 과정을 말한다.

⑩ **포장과정** : 선별과정이 끝난 생두를 등급별로 포장하여 저장하는 과정이다.

표 3-3 건조과정에서 체리 상태에 따른 수분 함량

체리 상태	수분(Moisture) 함량
Skin drying	55~45%
White stage drying	44~33%
Soft black stage	32~22%
Medium black stage	21~16%
Hard black stage	15~12%
Fully dry coffee and conditioning	11~10%

[그림 3-6] **커피 정제(습식 과정)**

3) 반 습식(Semi-washed) 방법

건식 방법과 습식 방법의 절충형이다. 수확한 커피 체리를 물로 씻은 다음 기계를 이용해서 외피와 과육을 제거한다. 그 다음에 자연건조법으로 건조한 콩을 기계건조법으로 한번 더 건조한다. 습식 방법과의 차이는 커피 체리를 발효조에 넣지 않는 점으로 건식 방법보다는 품질이 안정되는 장점을 가지고 있다. 주로 브라질의 세라드 지역에서 생산되는 커피가 이 방법을 사용한다.

4) 펄프드 내추럴 방법(Pulped natural method)

펄프드 내추럴 방법은 커피 체리를 수확한 즉시 과육을 제거하는 탈각(pulping)과정을 거쳐서 파치먼트 상태에서 건조하는 방법으로 건조 후에 은피(silver skin)를 제거하는 방법이다. 이러한 방법은 건식 및 습식 방법으로 가공하는 커피 모두의 특성을 포함한다. 즉 습식 방법의 특징인 산성도를 이용한 방법과 건식 방법의 특징인 단맛을 유지하는 방법을 모두 이용하는 것이다. 이러한 방법은 습도가 높은 브라질에서 가장 많이 사용하는 방법이다.

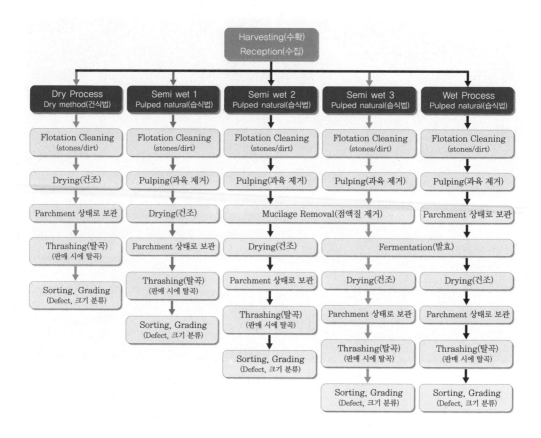

[그림 3-7] 커피 정제 과정 모식도

표 3-4 정제방법에 따른 비교

구 분	건식 과정(Natural process)	습식 과정(Washed process)
장 점	생산단가가 낮고, 친환경적이다	품질이 높고, 균일하다
단 점	품질이 떨어지고 불균일하다	환경오염의 원인이 된다
기 간	12~36hr	12~36hr
수분 함량	11~13%	10~12%
당 도	높다	낮다
생두의 색	황녹색	청녹색
실버 스킨	남아 있는 경우가 많음	제거가 많이 이루어짐
결 점 두	많이 있다	거의 없다
쓴 맛	강하다	약하다

바 디	강하다	약하다
맛의 특징	단맛과 바디가 강하고 복합적인 맛	신맛이 강하며, 향이 좋고 맛이 깔끔하며 섬세하다
콩의 특징	콩의 표면이 깨끗하지 못하다	콩의 표면이 깨끗하다
로 스 팅	로스팅이 균일하지 않다 강배전에 적합하다	로스팅 시 균일한 로스팅이 가능하다. 온도 조절이 어렵다
과 정	이물질 제거 → 분리 → 건조	이물질 제거 → 분리 → 펄핑 → 점액질 제거 → 세척 → 건조

(2) 커피콩의 건조법

커피콩의 건조는 가공 중에서 정제한 커피 체리와 커피콩의 수분 함량을 12%까지 감소시키는 과정을 말하고, 이러한 건조과정은 커피콩의 미생물 증식을 막고 장기간 보관하기 위하여 꼭 필요하다. 일반적으로 좋은 품질의 커피콩은 건조기간이 길고, 자연 상태로 건조하는 것이어야 한다. 일반적으로 커피콩의 건조 방법에는 자연건조와 기계건조 그리고 그늘 건조 등이 있다. 다음은 건조 방법을 설명한 것이다.

1) 자연건조(Sun dry)

오래전부터 널리 이용된 방법으로 햇빛이 잘 들고 단단한 흙이나 벽돌, 혹은 콘크리트로 된 야외 건조장의 바닥을 고르게 하여 커피콩을 건조하는 방법이다. 자연건조는 날씨에 따른 품질의 편차가 심하다. 정제과정에서 비수세처리한 커피 체리와 수세처리한 파치먼트(parchment, 내과피) 상태의 콩을 균일하게 건조장에 뿌려 얇게 펴서 말리는데 위아래로 자주 섞어 골고루 건조해야 한다. 야간에는 밤이슬을 피하기 위해 한 곳에 쌓아 내수성이 있는 천으로 덮어두는데, 밤이슬은 막아낼 수 있어도 비가 올 경우에는 악영향이 있기 때문에 번거롭더라도 매일 실내로 옮겨 두는 것이 좋다. 건조에 필요한 일수는 기온, 습도, 건조장의 입지 등에 따라 달라지지만 비수세처리한 커피 체리는 약 2~3주 정도이고 수세처리한 파치먼트는 1~2주 정도이다. 자연건조의 가장 큰 약점은 인건비와 기후에 좌우되기 때문에 계획적인 처리가 곤란하다는 점이다. 건조 공정에서는 적당 수분 함유량을 측정해 건조 정도가 적절한지 조사한다. 불충분한 건조는 곰팡이 냄새의 원인이 되고 과도한 건조는 갈라진 원두의 원인이 되므로 건조처리가 끝나는 대로 사일로에 저장하는 것이 좋다. 적정한 수분 함유량은 12% 전후이다. 자연건조법에는 그물 건조대(drying rack)를 이용하는 방법이 있다. 이 방법은 이물질이 많은 바닥보다는 지면 위에 그물 건조대를 만들어 건조하기 때문에 건조기간도 짧아지고 커피콩의 품질도 좋은 장점을 가지고 있어서 현대에는 이 방법을 많이 사용하고 있다.

2) 기계건조(Mechanical dry)

앞서 말한 자연건조의 약점을 보완하기 위해 드라이어라 불리는 건조기를 사용하는 경우가 늘고 있다. 드라이어에는 열풍이 아래에서 나오는 풀 형태의 용기에 사람이 들어가 스쿱으로 교반하는 듯한 구식 타입, 버티칼식이라 부르는 연속건조기, 현재 주로 사용하는 배전기 형태의 바치식 건조기가 있다. 어떤 형태의 건조기든 가장 중요한 요소는 열원의 배기가 커피와 접촉하지 않는 것과 온도관리이다. 드라이어 도입 초기에 많이 볼 수 있었던 다이렉트식 건조기는 땔감이나 중유 그리고 가스를 연료로 하여 열을 만들어 낸 후에 열풍을 드라이어에 보내는 방식으로, 연소시킨 배기가스의 냄새가 커피에 묻어나기 때문에 품질이 떨어지는 단점이 있었다. 최근에 이런 점을 보완하여 가열한 금속제 파이프 속으로 깨끗한 열풍을 송풍하여 드라이어에 보내는 인다이렉트식 건조기가 주류를 이루고 있다. 온도관리에 대해서는 60℃ 이하에서 건조하는(약 24~48시간) 것이 좋다. 80℃를 넘는 고온에서 건조하면 극히 단시간에 건조할 수 있는 장점이 있으나, 수분 함유량이 많은 체리나 파치먼트를 고온에서 장시간 건조하면 종자가 익어버려 본래의 풍미를 잃게 되기 때문에 주의가 필요하다.

3) 그늘 건조(Shade dry)

예외적인 건조 방법 중에 커피 체리를 그대로 그늘에서 건조하는 방법도 있다. 하지만 많은 시간을 필요로 하는데다 건조처리 도중 환기가 원활하지 않으면 커피콩에 심각한 문제를 일으키기 때문에 많은 노력을 필요로 한다. 노동력과 비용이 많이 드는 방식이므로 일반적이지는 않다.

(3) 커피콩의 최종 선별 방법

건조과정을 거친 커피 체리나 파치먼트 상태의 콩은 드라이밀이라 불리는 선별공정에서 여러 규격에 적합하게 만들기 위해 몇 가지 과정을 거친다. 건식 방법으로 처리한 커피콩은 바로 건조된 과육을 탈피하여 종자를 꺼내는 경우가 많으나, 습식 처리한 커피콩은 수분함량의 유지나 손상을 방지하기 위해 수출 직전까지 파치먼트 상태 그대로 보관하는 경우가 많다. 앞에서도 언급했듯이 수확하면서 1차 선별을 하고 건조과정에서도 선별과정을 거치지만 유통되기 전까지도 불량 생두를 모두 제거한다는 것은 불가능하다. 대량 생산국에서는 이러한 결점두를 최소화하기 위하여 다양한 선별기를 이용한다. 특히 광전지를 이용한 바이크로메틱 시스템은 매우 정교한 움직임으로 결점두를 찾아내어 제거한다. 다음은 커피콩의 선별과정이다.

1) 탈각과정

건식 방법으로 처리한 커피의 경우에는 건조한 체리에서 파치먼트와 외피를 제거하고, 습식 처리한 커피의 경우에는 파치먼트 상태의 콩에서 파치먼트를 제거하고 속의 종자를 꺼내는 작업이다. 탈각하는 데 사용하는 탈각기는 대형 강판에 금속제의 돌기가 마주 보는 구조로 되어 있고 일반적으로 그곳을 통과할 때 외피와 내과피(파치먼트) 그리고 종자가 분리된다. 탈각기는 비중을 이용하여 종자만을 따로 분리하는 기능도 병행하고 있다. 불순물을 제거하거나 종자와 불순물을 분리하는 기계에는 여러 종류가 있지만 어느 것이든 스크린과 풍력 그리고 진동을 이용해 종자의 크기나 비중차로 선별한다.

2) 석발과정

돌, 흙 그리고 나뭇조각 등의 제거를 목적으로 하는 과정으로 석발기라 불리는 선별기를 사용한다.

3) 선별과정

커피를 생산하는 국가에서는 커피콩에 등급을 매기는 과정에서 커피콩의 크기를 알아야 하는 경우(브라질, 케냐, 탄자니아, 부룬디 등)는 탈곡한 종자를 여러 개의 스크린 선별기에 통과시켜 생두의 크기대로 분류한다. 보통 쓰이는 스크린 선별기는 각이 진 평면의 스크린(펀칭 프레트)를 사용하여 진동을 이용해 크기를 선별한다.

4) 재선별과정

앞서 말한 첫 번째의 선별기를 통과하여 나온 생두의 품질 향상을 목적으로 재차 선별하는 경우가 있다. 재선별은 첫 번째의 선별과정에서 제거되지 않았던 결점두 및 이물질을 제거하고 생두 크기 및 중량 등을 구별하여 고품질과 높은 가격을 부여하기 위해 시행하는 과정이다. 재선별과정은 필요에 따라 다시 만든 스크린을 진동시키며 송풍하는 것으로, 원두를 크기별로 구분하고 벌레 먹은 생두, 미성숙 생두, 깨진 생두 및 외피 등의 결

함을 제거하는 과정이다. 재선별과정에서는 평면 시프트가 규칙적으로 진동해 원두의 비
중치로 결함을 제거하는 '에어프로트'라 불리는 선별기를 사용하는 경우도 있다. 금속류
나 철분을 많이 함유한 흙덩이는 전자석을 이용한 마그네틱 선별기로 제거한다. 원두의
색을 기준으로 한 선별은 전자선별기라 불리는 기계를 사용한다. 이것은 색을 식별할 수
있는 센서의 초점 부분에 종자를 통과시켜 불순물이나 검은 결점두가 통과할 때 불량 원
두를 식별해 공기로 날려 제거하는 기계이다. 최근에는 그 수가 줄어들고 있기는 하지만
꼼꼼한 생산자는 최종 단계에서 핸드 피킹 작업을 하기도 한다. 작업자가 테이블에서 선
별하는 방식과, 두 줄로 마주한 작업자 사이에 원두를 올린 벨트 콘베어가 지나가면서 작
업하는 방식이 있다.

[그림 3-8] 커피 선별과정

(4) 커피콩(Coffee bean)

성숙된 커피 열매는 다음과 같이 6가지 부위로 형성되어 있다.

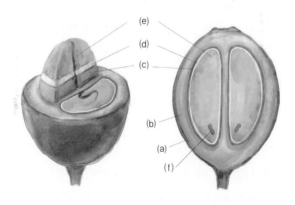

(a) 외과피
(b) 중과피
(c) 내과피
(d) 은백색의 박피(silver skin)
(e) 커피 종자
(f) 배(씨눈)

[그림 3-9] 커피콩 모식도

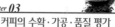

3. 커피의 품질 평가

(1) 커피의 품질 분류

커피콩을 분류할 때는 보통 미국 스페셜티 커피협회(Specialty Coffee Association of America, SCAA)에서 권장하는 방법을 사용한다. SCAA는 이전의 커피와 품질이 구별되는 커피를 만들기 위해 조직되었다. 이전에 커피 품질을 결정하는 방법으로 사용하였던 생두의 크기 및 생산고도 등은 품질의 균질성 등에서 안정적이지 않았다. 전 세계적으로 커피의 수요가 급증하면서 커피의 재배에서 추출하는 과정까지 일관되고 좋은 품질의 커피를 필요로 하게 되었고, 이러한 요구가 커피의 품질을 평가하는 기준의 변화와 발전의 계기가 되었다.

좋은 품질의 커피를 평가하고 결정하는 방법은 커피 생산국마다 각각 다르지만, 일반적으로 커피의 품질을 평가하는 중요한 요인으로는 결점두의 수, 크기, 색상 및 밀도 등이다. SCAA에서 커피 등급을 결정하는 방법으로 사용하는 첫 번째는 커피콩 300g을 스크린 14, 15, 16, 17 및 18을 통과하여 배출된 콩을 무게별로 나누어 배열하는 것이다. 이때 300g에 대한 분류는 시간이 많이 소요되므로 보통은 100g를 이용한다. 만약 높은 등급의 커피콩을 받으려면 300g을 사용하여 소량의 결점두가 나와야 하고, 표준등급이나 등급 외 판정을 받은 커피콩은 100g을 사용하였을 때 결점두가 많이 나오게 된다.

① Specialty grade green coffee

스페셜티 등급은 300g에서 5개 이상의 결점두가 나오면 안 된다. 기본적인 결점이 있어서도 안 되고, 스크린 크기의 5% 내외를 벗어나도 안 된다. 또한 바디감, 맛, 향 그리고 신맛에서 적어도 한 가지 이상의 독특한 것을 지니고 있어야 한다. 덜 익은 커피콩은 인정하지 않으며 수분 함량이 9~13%여야 한다.

② Premium coffee grade

프리미엄 커피는 300g에서 결점두가 8개 이하여야 하고, 기본적인 결함과 스크린 크기의 5%까지는 허용한다. 바디감, 맛, 향 그리고 신맛 중 적어도 한 가지 이상의 특성을 나타내야 한다. 3개 정도의 덜 익은 커피콩은 인정하며, 수분 함량은 9~13%여야 한다.

③ Exchange grade coffee

300g에서 9~23개의 결점두를 허용하고, 스크린 크기 14에서 5% 이상, 크기 15에서 50%를 넘어가면 안 된다. 5개 정도의 덜 익은 콩을 허용하고, 수분 함량은 9~13%여야 한다.

④ Below standard coffee grade

300g에서 24~86개의 결점두를 허용한다.

⑤ Off grade coffee

300g에서 86개 이상의 결점두를 허용한다.

표 3-5 기본적인 결함의 종류와 결함 수

1차 결함의 종류	결함이 나타나는 수	2차 결함의 종류	결함이 나타나는 수
Full black	1	Parchment	2~3
Full sour	1	Hull/husk	2~3
Pod/cherry	1	Broken/chipped	5
Large stones	2	Insect damage	2~5
Medium stones	5	Partial black	2~3
Large sticks	2	Partial sour	2~3
Medium sticks	5	Floater	5
		Shell	5
		Small stones	1
		Small sticks	1
		Water damage	2~5

표 3-6 크기별 생두의 분류

1/64 inch	mm	Classification	Central America and Mexico	Colombia	Africa and India
20	8	Very Large	Superior	Supremo	AA
19.5	7.75	Very Large	Superior	Supremo	AA
19	7.5	Very Large	Superior	Supremo	AA
18.5	7.25	Large	Superior	Supremo	A
18	7	Large	Superior	Excelso	A
17	6.75	Large	Superior	Excelso	A
16	6.5	Medium	Segundas	Excelso	B
15	6	Medium	Segundas	Excelso	B
14	5.5	Small	Terceras		C
13	5.25	Shells	Caracol		PB
12	5	Shells	Caracol		PB
11	4.5	Shells	Caracolli		PB
10	4	Shells	Caracolli		PB
9	3.5	Shells	Caracolillo		PB
8	3	Shells	Caracolillo		PB

(2) 브라질 커피의 품질 평가

세계 최대의 커피 생산국인 브라질이 사용하고 있는 품질 등급은 결점두의 수량 감정 시 300g의 생두 샘플 중 결점두를 세어 적은 순서에 등급을 붙이는 구조이다. 등급은 No.2 ~No.8의 7단계로 결점두가 4개 이하일 때 No.2로 평가한다. 만일 결점두가 하나도 없는 No.1이 생겼다고 해도 생산량이 아주 적어서 안정적인 공급을 할 수 없기 때문에 브라질 에서는 굳이 No.1을 만들지 않고 No.2를 최상급으로 하고 있다.

이와 같이 커피 생산국에서는 수확한 커피의 품질을 평가하기 위해 독자적인 등급 설정 법이나 품질 평가 기준을 마련하고 있다(모카나 마타리를 생산하는 예멘과 같이 통일된 수출 규격을 갖지 않는 나라도 있다).

표 3-7 브라질의 커피콩 품질 평가 기준

본질적인 결함	결함 수	전체결함	이질적인 결함	결함 수	전체결함
Black bean	1	1	Dried cherry	1	1
Sour(including stinker beans)	1	1	Floater	2	1
Shells	3	1	Large rock or stick	1	5
Green	5	1	Medium rock or stick	1	2
Broken	5	1	Small rock or stick	1	1
Insect damage	5	1	Large skin or husk	1	1
Malformed	5	1	Medium skin or husk	3	1
			Small skin or husk	5	1

(3) 커피콩의 등급분류

1) 재배지의 표고 차이에 따른 분류

커피 품질을 평가할 때 가장 중요한 것 중에 하나가 바로 생산고도이다. 생육 표고가 높아지면 기온은 낮아지고 그만큼 커피 열매는 천천히 익는다. 열매가 천천히 익을수록 콩의 밀도가 높아지므로 신맛이 강하고 맛과 향이 풍부하며, 콩을 볶기가 쉽다. 대표적인 생산지인 중미에서는 대부분 표고 차이만으로 커피의 등급을 설정하고 있다. 예를 들어 과테말라의 커피 중에서 최상위 품질로 여기는 SHB는 표고가 1,350m 이상으로 정해져 있다. 멕시코의 경우도 최고 품질인 SHG는 1,700m 이상, 온두라스의 SHG도 1,200m 이상으로 정해져 있다.

표 3-8 각 나라별 고도에 의한 분류

국가	등급	고도(m)
코스타리카	Strictly Hard Bean, SHB	1,200~1,650
	Good Hard Bean, GHB	1,100~1,250
	Hard Bean, HB	950~1,100
온두라스	Strictly High Grown, SHG	1,500~2,000
	High Grown, HG	1,000~1,500
	Hard Bean, HB	950~1,100
	Central Standard, CS	700~1,000
멕시코	Strictly High Grown, SHG	1,700 이상
	High Grown, HG	1,000~1,600
	Prime Washed, PW	700~1,000
	Good Washed, GW	700 이하
과테말라	Strictly High Grown, SHG	1,600~1,700
	Fancy Hard Bean, FHB	1,500~1,600
	Hard Bean, HB	1,350~1,500
	Semi Hard Bean, SHB	1,200~1,350
	Extra Prime Washed, EPW	1,000~1,200
	Prime Washed, PW	850~1,000
	Extra Good Washed, EGW	700~850
	Good Washed, GW	700

국가	분류	등급	Screen size	고도(m)
자메이카	High quality	Blue Mountain No.1	17~18	1,100 이상
		Blue Mountain No.2	16	
		Blue Mountain No.3	15	
	Low quality	High Mountain		1,100 이하
		Prime Washed, Jamaican		750~1,100
		Prime Berry		

2) 스크린(생두의 크기)에 따른 분류

스크린에 의한 분류법을 도입하고 있는 나라는 케냐, 탄자니아 및 콜롬비아 등으로 이른바 콜롬비아-마일드 커피(뉴욕의 거래소에서의 산지별 거래 타입의 하나)로 분류하고 있는 커피다. 스크린은 다양한 크기의 구멍을 가진 기구로 생두를 통과시켜 선별하는데, 외견상의 구별만 가능하다. 구멍 크기의 단위는 64분의 1인치(1인치=25.4mm)이다. 스크린 17은 64분의 17인치, 즉 6.75mm의 스크린을 통과한 생두라는 의미이다. 스크린의 숫자가 클수록 굵은 생두라는 뜻이다. 탄자니아 커피의 최고급 등급으로 불리는 AA는 스크린 18(7.14mm) 이상을 통과한 큰 생두이며, 케냐의 AA도 7.2mm 이상인 알이 큰 생두이다. 콜롬비아에도 수프리모와 엑셀소의 2종류가 있는데, 수프리모는 스크린 17 이상인 것, 엑셀소는 스크린 14/16(스크린 16인 생두에 스크린 14인 생두가 11% 이상 혼입된 것)인 것이라고 정해져 있다.

표 3-9 스크린 번호에 따른 구멍의 크기

국가	등급	Screen size	비고	Screen no.	구멍지름(mm)
콜롬비아	Supremo	17	specialty coffee	10	3.97
	Exelso	16	수출용 표준등급	11	4.37
		15	수출금지	12	4.76
		14		13	5.16
	Usual Good Quality	13		14	5.55
	Caracoli	12		15	5.95
케냐	AA	18		16	6.35
	A	17		17	6.75
	AB	15~16		18	7.17
	C	14		19	7.54
탄자니아	AA	18 이상		20	7.94
	A	17~18			
	B	16~17			
	C	15~16			
	PB	Peaberry			

3) 결점두에 따른 분류

　건식 가공법(natural)으로 커피를 생산하는 국가들 중에서 가장 많은 커피를 생산하는 브라질의 경우 결점두의 수에 따라 커피 등급을 분류한다. 인도네시아, 에티오피아 및 예멘에서도 결점두를 이용하여 커피를 분류하는데, 건식 가공법이 습식 가공법(washed)에 비해 결점두가 섞일 가능성이 높다. 결점두에 의한 등급 결정 시에는 300g 생두 중 결함이 있는 결점두의 수에 따라서 등급을 표시한다. 브라질의 경우는 등급을 No.2에서 No.6까지 분류하고, 에티오피아의 경우는 Grade 1~Grade 8로 분류한다. 쿠바의 경우는 Grade 1~Grade 9로 분류하여 등급을 정하고, 인도네시아의 경우는 Grade 1~Grade 6으로 분류한다. 파라과이의 경우 등급은 Type 1~Type 3으로 분류한다.

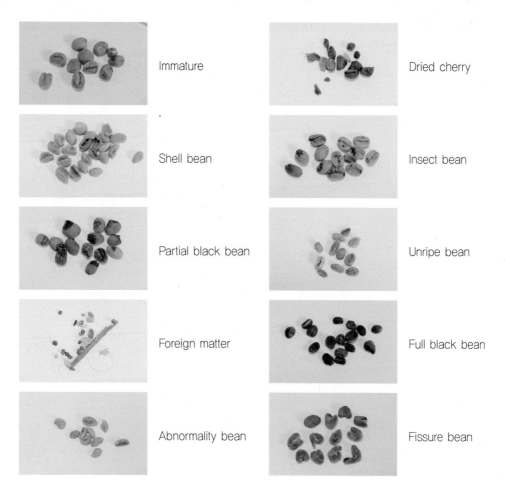

Immature　　Dried cherry

Shell bean　　Insect bean

Partial black bean　　Unripe bean

Foreign matter　　Full black bean

Abnormality bean　　Fissure bean

[그림 3-10] **커피의 결점두**

예멘에서 생산하는 커피의 등급 결정은 주로 결점두를 최소화하는 방법을 택하는데 특이한 것은 대부분 자연 경작하고 가공도 수작업으로 이루어져 생두의 모양이 다양하다. 예멘에서는 생두를 통째로 갈아서 이브릭(ibrik)이라는 주전자에 넣고 끓이는 터키식 커피를 주로 마시기 때문에 크기나 결점두에 따른 생두의 등급분류는 사실상 불가능하다고 볼 수 있다. 예멘의 커피가 세계적으로 유명한 것은 기온차가 심하고 높은 고도에서 생산되는 특성 때문이다. 베니 마타리(Bani Mattari), 베니 이즈마일리(Bani Ismaili), 히라지(Hiarazi), 수도인 사나니(Sanani) 그리고 리미(Rimy) 지역에서 생산되는 커피는 '커피의 귀부인'이라는 칭호를 받으며 고급 커피로 인정받고 있다.

표 3-10 각 나라별 고도에 의한 분류

국가	등급	결점두 수
브라질	2	4
	2/3	8
	3	12
	3/4	19
	4	26
	4/5	36
	5	46
미국 (New York method)	2	6
	2/3	9
	3	13
	3/4	21
	4	30
	4/5	45
	5	60
에티오피아	Grade 1	3개 이하
	Grade 2	4~12
	Grade 3	13~25
	Grade 4	26~45
	Grade 5	46~100
	Grade 6	101~153
	Grade 7	154~340
	Grade 8	340개 이상

	Grade 1	11개 이하
	Grade 2	12~25
인도네시아	Grade 3	26~44
	Grade 4	45~80
	Grade 5	81~150
	Grade 1A	아라비카 15, 로부스타 30
베트남	Grade 1	아라비카 30, 로부스타 60
	Grade 2	아라비카 60, 로부스타 90
	Crystal mountain	4개 이하
	Extra Turqino Lavado	12개 이하
쿠바	Turqino Lavado	19개 이하
	Altura	22개 이하
	Electronic Sorted &Hand Picked	10개 이하
	Electronic Sorted	11~40
콜롬비아	Machine Cleaned Majorado	41~70
	Machine Cleaned	71~100

4) 그 외 품질 기준

① 색상

커피의 종류에 따라 색상에 조금씩 차이가 있고, 황갈색보다 청록색을 띠는 생두가 좋다.
예) • 아라비카 : 청록색~녹황색을 띤다.　　• 로부스타 : 흰색~황갈색을 띤다.

② 밀도

커피 생두는 단단할수록 좋으며, 대부분의 콩은 1.1~1.3g/cc(밀도 단위)이다.

③ 수분 함량

생두의 이상적인 수분 함량은 11.5~11.8%이다. 13% 이상이면 보관 및 운송과정에서 변질되기 쉽고, 수분 함량이 너무 낮은 것은 오래된 커피 생두일 수 있다.

④ 수확 시기에 따른 분류

등급	New crop	Current crop	Past crop	Old crop
수확 시기	3개월	1년 미만	1~2년 미만	2년 이상

5) SCAA에 의한 결점두의 분류 및 특징

표 3-11 SCAA에 의한 결점두의 분류 및 특징

결점두의 명칭	특 성	원 인	로스팅	맛
Full black bean	전체적으로 검은색이고 불투명	병충해, 건조과정의 실수	로스팅이 잘 안되고 2차 크랙이 발생하지 않음	나쁜 향과 맛
Full sour bean	전체적으로 적갈색, 시큼한 냄새	곰팡이, 오염된 물 사용, 땅에 떨어진 체리 수확	옅은 갈색으로 불균일한 로스팅	강한 신맛
Dried cherry/Pod	일부 또는 전체가 마른 과육에 쌓여 있는 경우	습식 과정에서 잘못된 펄핑, 건식 과정에서 잘못된 탈곡	마른 과육 때문에 발화 위험	곰팡이 냄새
Fungus damage bean	노란색이나 적갈색	저장 및 수송 중의 온도 및 습도 조절 실패	특별한 영향 없음	냄새와 맛에 좋지 않은 영향
Insect damage bean	벌레에 의한 구멍	벌레의 공격	정상적인 것보다 짙은 로스팅	향, 맛, 바디감 손실, 나쁜 냄새
Foreign matter	생두 이외의 이물질	선별과정의 실수	나뭇가지 등은 발화 위험	영향 없음
Parchment / Pergamino bean	파치먼트가 생두를 감싸고 있음	탈곡과정의 실수	발화 위험	영향 없음
Floater bean	주름이 있고 하얗게 색이 변함	저장과 수송 중의 실수	검은색을 띠거나 내부가 익지 않음	향미가 낮고 곰팡이 냄새
Immature / Unripe bean	크기가 작고 주름이 있음	익지 않은 체리 수확	옅은 색을 띠고 불완전한 로스팅	쓴맛 증가, 풋내가 남
Withered bean	변형되고 건포도 같이 주름이 있음	열매가 익는 동안 수분 부족	영향 없음	향미 및 산도에 영향
Shell bean	조개 모양으로 깨진 상태	유전적인 영향	짙은 색을 띠고 잘 부스러짐	탄 맛, 쓴맛
Broken/Chipped/Cut	깨진 콩이나 파편	펄핑과 탈곡과정의 실수	고르지 않은 로스팅 상태	산도 등이 감소
Hull/Husk	마른 펄프 조각	건식 과정의 실수	타는 현상	약간 나쁜 냄새

* 피베리(Peaberry)

체리 안에 두 개의 생두를 가지고 있는 보통의 커피 열매와 달리 한 개의 생두를 가진 콩을 피베리라 한다. 피베리는 커피 수확 시 전체의 2~10% 정도 발견된다. 정상적인 생두보다 그 크기가 작고 모양 또한 달라서 한때는 결점두로 취급되었으나 요즘은 특별한 대접을 받고 있다. 발생원인은 유전적 요인보다는 환경적 요인에 의한 것으로 보고 있다.

(4) 커피의 저장과 수송

커피 생두는 곧바로 볶는 과정을 거칠 수 있도록 가공한 것이다. 따라서 적절한 수분을 유지해야 하므로 저장 단계가 아주 중요하다. 즉 생두가 가지고 있는 특성을 유지하여 저장해야 하며, 이 특성이 그대로 소비자에게 전달되어야 한다. 따라서 생두를 저장할 때 사용하는 저장 용기는 보통 황마 또는 삼베(burlap)로 만든 자루를 사용한다. 생두의 포장은 생산지의 포장법에 따라 다르며, 한 자루의 무게 또한 각각 달라서 45, 60, 70kg 등으로 다양하다. 생두의 저장 시에는 습도와 온도 그리고 통풍이 중요하다. 습도는 40~60%를 유지하고 온도는 20℃ 이하로 유지하며 빛이 들지 않고 통풍이 잘되는 곳이어야 한다.

저장된 커피 생두는 수입국으로 수송하는데 주로 선박을 이용한다. 생두를 운송할 때는 주로 드라이 컨테이너를 이용하지만 긴 시간 동안(보통 1개월) 항해를 해야 하기 때문에 습도와 온도 그리고 통풍을 유지하는 것이 어렵다. 따라서 요즘에는 냉장 컨테이너를 이용하여 생두의 품질 저하를 최소화하고, 보관 시에는 정온 창고를 이용하여 생두의 품질을 유지한다.

또한 그래인백(grain bag) 포장법을 사용하여 외부 공기와의 접촉을 최소화하는 방법을 권장하고, 진공포장을 실시하여 생두의 품질을 유지시키는 방법을 사용한다.

Chapter 04

지역별 커피의 특징

적도를 중심으로 북회귀선과 남회귀선 사이를 커피벨트(그림 2-7)라고 하는데 이 지역에 커피의 생산국이 분포한다. 기후는 연평균 온도가 22℃이고 연강수량이 1,200~1,600mm이며 토질은 배수가 잘되는 지역에서 각각의 환경에 알맞은 독특한 커피가 생산된다. 전 세계적으로 약 60여 개국에서 커피를 생산하고 있다. 중남미 지역은 브라질 및 콜롬비아 등 약 15개국이 주요 생산국이고, 아프리카 지역은 에티오피아, 케냐 등 약 14개국이 있다. 카브리해 지역에는 쿠바, 도미니카 등 약 5개국이 있고 아시아 및 기타지역은 인도네시아, 인도 등 약 12개국이 있다.

1. 중남미 지역

(1) 브라질

남아메리카 대륙 중앙에 위치하고 수도는 브라질리아이며, 인구는 약 198,739,269명(2010년)으로 세계 5위이다. 국토면적은 8,514,877km²로 세계 5위이고 기후는 열대성 기후이다. 커피 연간 생산량은 약 280만 톤이다.

브라질 커피 산업의 특징은 세계 커피 생산량의 30%를 차지하는 세계 최대 생산지이고 미국에 이어 두 번째로 큰 커피 소비국이다. 따라서 브라질의 커피 생산량에 따라서 세계의 커피 시장이 영향을 받는다. 브라질은 세계에서 가장 큰 커피 재배 국가로 아라비카와 로부스타 모두 재배·생산한다. 브라질은 커피 재배지역이 워낙 넓고 재배조건이 각기 달라서 다양한 맛의 커피를 생산한다. 재배조건과 가공 방법이 일정하지 않아 생두를 볶을 때 특히 주의해야 한다. 브라질 커피는 에스프레소 블렌딩용으로 많이 사용한다.

브라질 커피는 일정한 맛을 유지하기가 어렵기 때문에 전년도에 생산된 커피와 혼합하여 맛을 일정하게 유지하려고 노력하고 있다. 브라질에서 생산된 커피는 맛과 향이 부드러운 것이 특징이고, 신맛과 쓴맛의 밸런스가 훌륭하다. 주로 생산하는 종류는 아라비카 종류가 약 50% 이상으로 버본, 문도노보, 카투아이 등이며, 세라도(Cerrado), 술디미나스(Sul de Minas) 지역에서 주로 재배한다. 로부스타 종류는 약 20%로 바이아(Bahia), 이스피리투산토(Espirito Santo)지역에서 재배한다.

(2) 콜롬비아

남미대륙의 북서부에 위치하고 수도는 보고타이며, 인구는 약 43,677,372명(2010년)으로 세계 28위이다. 국토면적은 약 1,138,914km²로 세계 26위이고, 기후는 아열대성기후와 열대우림성기후이다. 커피 연간 생산량은 약 68만 톤이다.

콜롬비아 커피는 해발 1,100~1,900m 고지대의 커피로 1년 내내 수확이 가능하고 마일드 커피의 대명사로 알려져 있다. 콜롬비아는 국가의 체계적인 관리 시스템으로 커피의 안정된 품질을 유지하며 거부감 없는 맛으로 세계 어디서나 인정받고 있다. 콜롬비아는 세계 2위의 아라비카 종류 생산국이며, 전체 커피 생산량으로는 세계 3위이다. 수세식으로 커피를 가공하는 대표적인 국가이다. 콜롬비아 커피는 품질도 좋지만 광고와 홍보력도 대단하다.

콜롬비아 커피 맛의 특징은 신맛이 강하고 바디감은 중간 정도가 많고, 아로마가 풍부하며 엑셀소(Excelso), 수프리모(Supremo)가 있다.

주요 생산지역으로는 메데린(Medellin), 아르메니아(Armenia), 마니잘레스(Manizales) 및 나리뇨(Narino)지역이 잘 알려져 있다. 콜롬비아에서 생산되는 커피 품종은 티피카, 마라고지페, 버본이다.

2. 중미 지역

(1) 멕시코

멕시코의 위치는 아메리카 남서단이고, 수도는 멕시코시티이며, 인구는 약 111,211,789명(2010년)으로 세계 11위이다. 국토면적은 약 1,964,375km²로 세계 15위이며, 기후는 건조성기후, 열대성기후 및 온대성기후이다. 커피 연간 생산량은 약 26만 톤이다.

멕시코는 고급 커피를 생산하는 국가로 유기농 방식으로 커피를 재배하는 것이 특징이다. 해발 1,700m 이상에서 생산되는 커피는 '알투라'라고 하여 유명하다.

멕시코 커피 맛의 특징은 풍부한 향이 있고 아로마가 풍부하며, 마일드한 신맛을 준다. 멕시코에서 생산되는 커피 종류는 주로 마라고지페이며, 이외에도 버본, 문도노보 및 카투라 등도 재배된다. 멕시코 커피를 생산하는 지역은 주로 베라크루즈주의 알투라코아테펙(Altura Coatepec)과 오악사카주의 알투라오리자바(Altura Orizaba), 알투라 후아투스코스(Altura Huatusco)가 유명하다.

(2) 과테말라

과테말라는 중앙아메리카 북서단에 위치하고, 수도는 과테말라시티이며, 인구는 약 13,276,517명(2010년)으로 세계 69위이다. 국토면적은 약 108,889km²로 세계 106위이고, 기후는 사바나기후와 열대성기후를 가지고 있다. 커피 연간 생산량은 약 24만 톤이다. 과테말라 커피는 비옥한 화산재 토양에서 생산되는 고급 커피로 유명하다. 과테말라에는 30여개가 넘는 화산이 있으며 화산에서 뿜어져 나오는 질소를 커피나무가 흡수하여 연기향이 난다고 한다. 깊이 있는 신맛은 다른 맛들과 조화를 이루고 있으며, 묵직한(strong) 맛이 특징이다.

과테말라에서 재배되는 품종은 티피카, 마라고지페, 버본이다. 주요 재배지역은 안티구아 및 코반 지역이다. 과테말라 커피는 해발 1,500m 이상에서 자란 것으로 세계 최고급 커피에 속한다.

과테말라는 개성이 풍부하고 양질의 스페셜티 커피 성장에 기여한 생산국으로 자국에 ANACAFE(The guatemalan national coffee association)라는 과테말라 국립커피 협회를 만들어서 품질관리뿐만 아니라 수입국에 대한 홍보 활동을 하고 있다. 또한 APCA(안티구아 생산자 조합)를 결성하여 자국의 커피 산업에 대한 보호 및 홍보를 하고 있다.

(3) 엘살바도르

엘살바도르는 중앙아메리카 중부 태평양 연안에 위치하고, 수도는 산살바도르이며, 인구는 약 7,185,218명(2010년)으로 세계 99위이다. 국토면적은 약 21,041km²로 세계 151위이며, 기후는 온대 열대성기후로 우기와 건기가 분명하게 구별된다. 커피 연간 생산량은 약 8만 톤이다.

엘살바도르는 국토의 대부분이 산악지대여서 커피 생산을 위한 천혜의 조건을 갖추고 있다. 해발 900~2,000m 사이에서 재배되며, 1,500m 이상에서 SHG 고급 커피가 생산된다. 엘살바도르에서 생산되는 커피는 균형 잡힌 맛과 훌륭한 신맛이 나며, 부드럽고 아로마가 풍부하며 과일 향을 띠고 있다.

엘살바도르에서 재배되는 커피 품종은 아라비카 종류로 버본이 60% 이상을 차지하고 있고, 최근에는 파카마라(Pacamara)종류가 각광을 받고 있다.

(4) 코스타리카

코스타리카는 중앙아메리카 남부에 위치하고, 수도는 산호세이며, 인구는 약 4,253,877명(2010년)으로 세계 122위이다. 국토면적은 약 51,100km²로 세계 127위이며, 기후는 열대성기후이고, 커피 연간 생산량은 약 11만 톤이다.

코스타리카 커피의 특징은 아라비카 종류만을 생산하고 로부스타는 국가 차원에서 재배를 금지하고 있는 것이다. 코스타리카 커피는 해발 650~1,600m 사이에서 생산되고, 환경 보호 의무와 물에 대한 규정이 철저하여 고급 커피를 생산하는 나라로 알려져 있다.

코스타리카 커피 맛의 특징은 맛과 향이 풍부하면서 입안에 꽉 차는 바디감과 균형잡힌 맛을 가지고 있는 것이다. 코스타리카의 주된 커피 재배지는 타라주(Tarrazu)와 센트럴벨리 두 지역이며, 소규모 농장 형태로 되어 있다.

(5) 자메이카

자메이카는 카리브해 북부에 위치하고, 수도는 킹스턴이며, 인구는 약 2,825,928명(2010년)으로 세계 138위이다. 국토면적은 약 10,991km²로 세계 163위이고, 기후는 해안성 열대기후를 가지며, 커피 연간 생산량은 약 35만 톤이다.

자메이카 커피는 해발 1,500m 고지대인 크라이스딜 지구에서 재배하여 세척 가공한 것으로 세계에서 가장 비싼 커피로 간주한다. 자메이카에서 생산되는 블루마운틴(Blue Mountain)은 최고의 품질을 자랑한다. 자메이카에서 생산되는 커피는 정부에서 창설한 CIB(Coffee Industry Board)를 통해서 엄격한 품질 관리를 받는다. 특히 블루마운틴은

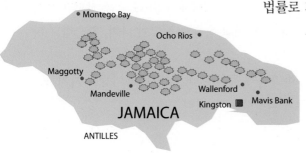

법률로 지정된 지역에서 재배하고, 지정 공장에서 정제를 해야 브랜드를 사용할 수 있다. 특히 JBM(Jablum)은 블루마운틴 커피로 볶은 원두의 명칭이며, 주로 일본으로 수출된다.

자메이카에서 생산된 청록색의 단단한 생두는 부드럽고 중성적인 맛이 난다. 커피 맛의 특징은 아주 부드럽고 향기로우며 신맛과 초콜릿 맛이 완벽하게 조화를 이루고 있다.

3. 아프리카 지역

(1) 에티오피아

에티오피아는 아프리카 대륙 북동부에 위치하고, 수도는 아디스아바바이며, 인구는 약 85,237,338명(2010년)으로 세계 14위이다. 국토면적은 약 1,104,300km²로 세계 27위이고, 기후는 온대 동계 건조성 기후이다. 커피 연간 생산량은 약 27만 톤이다.

에티오피아는 아라비카종의 원산지로 커피의 발원지라는 자부심이 대단하고, 오랜 기간 동안 커피를 마셔온 커피 소비국이다. 에티오피아에는 아직도 야생에서 자생하는 커피나무 종류가 약 3,500여종이 있어 전 세계 어느 나라보다 많은 커피나무의 유전자원을 가지고 있다.

에티오피아 커피는 아프리카에서 아라비카 생두를 수출하는 국가이며, 수출품 중에서 약 35%를 차지할 정도로 중요한 산업이다. 에티오피아 커피 재배 방법은 플렌테이션(plantation), 가든(garden), 포레스트(forest) 그리고 세미포레스트(semiforest)로 구분한다. 해발 1,500m 이상 고지대에서 50% 정도가 생산되며, 습식과 건식 방법으로 가공된다.

에티오피아 커피 맛의 특징은 풍부한 과일 맛과 향신료 향이 느껴지고, 묵직하면서도 밝은 느낌이다.

주로 생산되는 커피종류는 시다모(Sidamo), 드지미(Djimi), 예가체프(Yirgacheffe), 레켐티(Lekempti), 리무(Limu) 그리고 하라(Harrar)등이다. 이중에서 예가체프는 카페인이 거의 없는 커피로 유명하고, 그 품질이 아주 뛰어나다. 특히 신맛과 초콜릿 맛, 꽃향기가 어우러져 세련된 풍취를 주며, 시다모 지역에서 생산된 것이 특히 좋다. 또한 시다모(Sidamo)는 부드럽고 풍부한 맛에 신맛이 어우러져 꽃 향기가 나는 최상급의 모카커피 중 하나이며, 카페인이 거의 없어 저녁에 마시기 좋다.

(2) 케냐

케냐는 아프리카 동부 해안에 위치하고, 수도는 나이로비이며, 인구는 약 39,002,772명 (2010년)으로 세계 33위이다. 국토면적은 약 580,367km²로 세계 48위이며, 기후는 건조성기후와 사바나기후가 있다. 커피 연간 생산량은 약 6만 톤이다. 케냐 커피는 세계 시장에서 최고급 그룹에 속한다.

케냐는 커피를 관장하는 국가기관으로 커피국이 있는데 이들은 농가에서 생산한 커피를 매입한 후 품질을 관리하여 등급을 나누고 경매를 통해 판매하고 있다. 케냐 커피는 주로 아라비카 종류가 재배되고, 수도인 나이로비를 중심으로 북부와 북동부에 걸친 케냐산과 아바티아산의 해발 1,400~1,900m 고지대에서 자란다. 케냐 커피 맛의 특징은 강한 신맛과 상큼한 맛을 주며, 여러 맛들이 균형을 이루고 있다. 부드럽지만 강하면서도 깨끗하고 풍부한 맛이 혀와 입안에 오래 남는다.

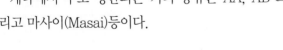

케냐에서 주로 생산되는 커피 종류는 AA, AB 그리고 마사이(Masai)등이다.

(3) 탄자니아

탄자니아는 아프리카 동부에 위치하고, 수도는 도도마이며, 인구는 약 41,048,532명 (2010년)으로 세계 30위이다. 국토면적은 약 947,300km²로 세계 31위이고, 커피 연간 생산량은 약 5만 톤이다. 탄자니아는 약 90%가 소규모 농장으로 이루어져 있으며, 대부분 수출한다.

탄자니아 커피는 75% 정도가 아라비카 종류이고, 로부스타 종류가 약 20% 정도를 차지한다. 탄자니아 커피는 토양의 영양이 풍부하고, 킬리만자로 화산 지대의 해발 750~1,600m 사이에서 재배된다. 탄자니아 커피는 영국 왕실에서 선호하는 것을 이유로 '커피의 황제'라는 애칭을 가지고 있다.

탄자니아 커피 맛의 특징은 연한 신맛과 섬세한 향기가 있으며 와인 향과 과일 향이 풍부한 것이다. 생산되는 커피 상품은 탄자니아 AA, AB 그리고 탄자니아 키보(Kibo)등이 있고, 피베리 커피가 더 많이 생산되는 것이 특징이다.

(4) 예멘

예멘은 아라비아반도 서남안 홍해입구에 위치하고, 수도는 사나이며, 인구는 약 22,858,238명(2010년)으로 세계 49위이다. 국토면적은 약 527,968km²로 세계 49위이며, 기후는 온대성기후이다. 예멘은 커피나무(Arabian coffee)가 국화이며, 커피 연간 생산량은 약 1만 톤이다.

예멘의 모카 생두는 다른 콩에 비하여 작고 둥글며, 해발 800~2,000m 고지에서 재배된다. 주로 생산되는 커피 품종은 티피카와 버본이다. 예멘의 모카 항구는 오래 전부터 세계적으로 유명한 커피 선적지였으며, 모카 항을 통하여 커피가 유럽과 세계로 퍼지는 계기가 되었다. 하지만 지금은 옛 명성을 뒤로하고 아덴(Aden)항에 그 자리를 물려주었다.

예멘 커피 맛의 특징은 은은한 초콜릿 맛을 풍기고 과일 향이 나며 날카로운 신맛이 있다. 넓고 무거운 아로마가 풍부하고 야성적인 맛을 낸다.

생산되는 커피 상품에는 모카 마타리(Mocha Mattari) 그리고 모카 사나니(Mocha Sanani)가 있다.

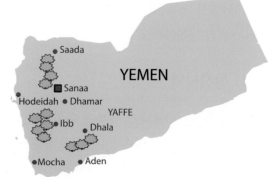

4. 아시아 · 태평양 지역

(1) 인도네시아

인도네시아는 동남아시아에 위치하고 수도는 자카르타이며, 인구는 약 240,271,522명 (2010년)으로 세계 4위이다. 국토면적은 약 1,904,569km²로 세계 16위이며, 기후는 열대성 기후이고, 커피 연간 생산량은 약 68만 톤이다.

인도네시아 커피는 해발 700~1,700m 사이에서 생산되고, 자바섬에서 시작하여 대부분 작은 농장에서 재배된다. 로부스타 종류 생산량이 90%를 차지하며, 아라비카는 소량 생산되나 세계적인 커피로 평가된다. 세계 로부스타 종류 생산량의 12~14% 가량을 생산하며 전체 생산량이 세계 3~4위에 속한다. 또한 인도네시아에서는 사향고양이의 배설물에 섞여 있는 '코피루왁'이 유명하다.

인도네시아 커피의 주요 재배지역과 커피 상품으로는 수마트라(Sumatra)섬에서 생산하는 만델링(Mandheling)이 대표적인 커피이고, 인도네시아 커피 생산량의 60%를 차지한다. 자바(Java)섬에서 재배되는 커피는 신선한 풍미가 있으며, 매콤하면서도 쓴맛이 나는 고급 커피다. 슬라웨시(Sulawesi)섬에서 생산되는 커피 생두는 아주 짙은 녹색을 띠고 있으며, 수마트라보다는 쓴맛이 덜하고 약간의 신맛과 감칠맛이 난다.

(2) 인도

인도는 남부아시아에 위치하고 수도는 뉴델리이며, 인구는 약 1,156,897,766명(2010년)으로 세계 2위이다. 국토면적은 약 3,287,263km²로 세계 7위이며, 기후는 열대 몬순성 기후이다. 커피 연간 생산량은 세계 7위로 약 26만 톤이다.

인도 커피는 로부스타와 아라비카를 50:50으로 생산하고, 그중에서 아라비카는 해발 1,000~1,500m 고지에서 재배된다. 가공 방법으로는 건식과 수세식을 병행하며, 특히 몬순 커피가 유명하다. 인도에서 생산되는 커피 중 가장 유명한 몬순 커피(Monsooned coffee)는 습한 남서 계절풍(몬순, Monsoon)에 커피를 건조하여 인위적으로 숙성시킨 것이다. 노란색을 띠며, 독특한 향미를 갖고 있고, 진한 쓴맛으로 에스프레소용으로 적합하다는 평가를 받는다.

몬순커피는 오랜 기간 항해를 하면서 해양성 기후 환경에 의해 커피가 숙성되어 생두의 색이 황금빛을 띠는 노란색으로 변한 것으로, 독특한 향미와 진한 맛의 특징을 지닌 올드 브라운 자바 커피(Old brown Java coffee)가 탄생하면서 유명해졌다. 그후 수에즈 운하(Suez canal)의 개통으로 항해기간이 단축되면서 올드 브라운 자바 커피의 맛과 향을 재현하기 위해 습한 남서 계절풍(몬순, Monsoon)에 커피를 건조했고, 이러한 가공과정으로 생산된 커피가 바로 몬순커피(Monsooned coffee)이다.

인도에서 생산되는 커피 맛의 특징은 신맛이 적고 부드러운 것으로 유명하다. 인도에서 생산되는 커피 상품으로는 몬순 말라바르(Monsooned Malabar), 몬순 바사날리(Monsooned Basanalli), 마이소르 너깃 엑스트라 볼드(Mysore Nuggets Extra Bold), 로부스타 카피 로얄(Robusta Kaapi Royale) 등이 있다.

(3) 하와이

태평양 중앙부의 여러 화산섬들로 구성된 미국의 주로서 샌프란시스코의 서쪽 3,857km 지점에 있다. 주도는 호놀룰루이다. 하와이의 원주민은 마르키즈 제도에서 유입된 폴리네시아인이다. 하와이는 온화한 열대기후로서 평균기온은 22~26℃이며, 산악지대는 매우 서늘하고 특히 겨울에는 차갑다. 하와이 경제에서 농업의 비중은 여전히 제일 크다. 면적은 16,729km²이고, 인구는 약 1,360,840명(2010년)이다.

하와이에서 재배되는 커피는 주로 티피카종이며, 생산지역은 카우아이, 마우이 그리고 몰로카이 등이다. 코나 커피를 생산하는 코나지역은 최상의 커피 재배지로, 이보다 더 좋은 조건을 갖춘 곳은 찾기 어렵다. 화산 지역의 경사면을 따라 커피가 재배되며, 비교적 낮은 지대는 해발 250~750m에서 자라지만 프리 셰이드(free shade : 구름이 커피 재배지역을 정기적으로 덮어 주어 그늘을 제공하는 것)로 최상의 조건을 만들고 있다. 하와이 커피는 연간 약 500톤 정도의 적은 생산량과 높은 인건비가 가격 상승의 한 요인으로 작용한다. 하와이 커피 맛의 특징은 신선함과 뚜렷한 신맛이 쓴맛과 조화를 이루고 있으며, 아로마가 풍부하다.

표 4-1 세계 10대 커피 생산 국가와 생산량(2010년 기준)

국 가	생산량(단위: 톤)
브라질	2,796,927
베트남	1,067,400
콜롬비아	688,680
인도네시아	682,938
페루	273,780
에티오피아	273,400
멕시코	265,817
인도	262,000
과테말라	248,614
우간다	265,000

Chapter 05

커피 로스팅·
블렌딩·분쇄

1. 커피 로스팅(Roasting)

(1) 로스팅의 기본개념

1) 로스팅의 의미

커피는 산지, 품종, 재배고도, 가공 방법 그리고 보관상태 등에 따라 다양한 맛과 향을 지니고 있다. 그러나 커피의 생두(green bean)에는 우리가 알고 있는 커피의 맛과 향은 전혀 없다. 뿐만 아니라 커피나무나 커피나무 잎, 커피 열매에서도 우리가 원하는 커피의 맛과 향은 찾을 수가 없다. 커피의 맛과 향을 전혀 갖추고 있지 않은 생두에 열을 가하여 볶는 과정을 통해 커피 본연의 맛과 향을 가지게 하는 것을 로스팅(볶기) 또는 배전이라고 한다. 생두를 로스팅하면 열분해에 의해 수분이 감소하며 이산화탄소가 생성되고 부피가 증가하면서 물리·화학적 변화과정이 연속적으로 일어난다. 이 과정 중에 여러 가지 성분 즉, 탄수화물, 단백질, 지방, 유기산 등이 형성되며 세포조직이 파괴·방출되면서 커피 고유의 색, 맛 그리고 향이 표현된다. 동일한 생두라도 로스팅하는 정도에 따라 맛과 향이 달라지기도 한다. 로스팅 정도가 약할수록 신맛이 강해지고 로스팅 정도가 강할수록 신맛은 감소하고 쓴맛과 탄 맛이 강해진다. 그리고 로스팅 시간이 짧으면 커피 추출농도가 약해지고 길면 추출농도가 진해진다. 또한 로스팅 시간에 따라 원두의 밀도가 달라지는데 로스팅 시간이 짧으면 밀도가 높고 로스팅 시간이 길면 밀도가 낮아진다. 맛과 향이 좋은 한잔의 커피가 만들어지기까지는 로스팅, 분쇄, 추출과정을 거쳐야만 한다. 특히 이 과정 중에서도 커피 고유의 맛과 향을 생성하는 핵심과정은 바로 로스팅이다.

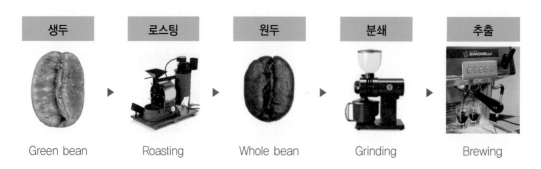

생두	로스팅	원두	분쇄	추출
Green bean	Roasting	Whole bean	Grinding	Brewing

[그림 5-1] 커피의 추출과정

2) 로스팅을 위한 고려사항

커피 산지, 가공 방법(건식과 습식 등)에 따라 로스팅 포인트가 각각 다르고, 생산된 연도에 따라, 여름과 겨울의 습도 및 온도 차이에 따라 열량이나 댐퍼의 조절이 달라지기 때문에 로스팅이 그만큼 어려운 것이다.

① 생두별 로스터의 열량과 댐퍼 조작을 달리하는 것이 좋다.
- 생두의 산지별(생두의 산지별로 밀도가 다르다).
- 가공과정에 따라 로스팅을 달리하는 것이 좋다.
- 수분 함량과 밀도가 높은 new crop과 수분의 함량이 적은 old crop일 경우

② 로스팅 과정에서 댐퍼의 조작을 너무 자주하거나 열량의 변화를 자주 주게 되면 커피콩이 스트레스를 받게 된다. 그러므로 본인의 로스팅 포인트를 잡을 때 이것을 염두에 두고 샘플 로스팅 시 사전에 데이터를 기록하여 축적하고, 그 데이터를 이용하여 일정하게 로스팅을 하는 것이 좋다. 로스터(roaster)로 재주를 부려 맛있게 로스팅하려고 애쓰는 것보다 그 커피 본연의 특성을 살리기 위해 노력하는 것이 좋다.

3) 커피 로스터(Roaster)의 발달과정

커피 로스터는 열이 가해지는 방식에 따라 로스터의 종류가 달라지고 시대의 흐름에 따라 로스터가 진화해 오고 있다.

구형 로스터

여행용 구형 로스터

산업용 구형 로스터

가정용 로스터(현대식)

가정용 전기 로스터

산업용 현대식 로스터

[그림 5-2] **로스터의 발달과정**

4) 커피 로스터의 방식

직화식

직화식은 생두에 열을 직접 가하는 것으로 열효율이 높고, 화력조절은 쉬운 편이다. 하지만 원두에 불꽃이 직접 닿기 때문에 겉은 타기 쉽고, 속은 로스팅이 되지 않는 경우가 생길 수 있어 로스팅을 할 때마다 다른 맛이 날 수 있으므로 숙련된 로스팅 기술이 필요하다.

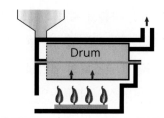

반열풍식

반열풍식은 드럼통에 천공이 없으며, 드럼통을 가열하여 뜨거워지면 드럼통 내부의 생두가 로스팅되는 방식이다. 드럼통을 가열하면 한쪽에서는 불어 들어오는 열풍에 생두가 가열되고, 반대편에는 가스와 은피가 배출되는 배출구가 있다. 고열의 공기와 드럼통은 화력의 조절이 쉽지 않으나 고른 로스팅을 할 수 있다.

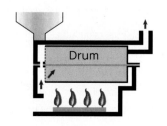

열풍식

열풍식은 간접열(뜨거운 바람)로 로스팅하기 때문에 로스팅의 진행을 눈으로 확인할 수 있으며 커피 맛의 안정성을 기할 수 있는 장점은 있으나, 연료손실이 크고 로스터가 커피의 개성을 살리기가 어려워 획일적인 맛이 되는 경우도 있다.

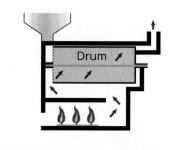

[그림 5-3] **로스터의 열 전달 방식**

5) 로스팅 과정

커피 로스팅은 열전달, 즉 전도, 대류, 복사에 의해 공급된 열이 생두를 가열하는 과정이다. 여러 가지 물질로 구성된 생두는 일반적으로 210~230℃에서 약 30분 정도 볶는 로스팅 과정을 통해서 700가지 이상의 향미를 낼 수 있는 성분을 가진 원두가 된다. 가장 일반적인 로스팅 과정을 간략하게 살펴보면 다음과 같다.

① 1단계 : 로스터 예열

로스터를 사용하기 약 30분 전에 예열을 하여 기기 내부의 열 흐름을 안정시킨다. 이 단계는 온도변화를 최소화하면서 로스팅을 위한 최적조건을 만들어주는 것이다. 예열은 낮은 온도에서 시작해서 210~230℃까지 천천히 올려주는 방식으로 진행한다.

② 2단계 : 생두 투입

예열된 드럼에 선별한 생두를 투입하는 과정이다. 이 단계에서는 생두 내의 수분이 열에 의해 증발하고 생두의 색은 녹색에서 황록색으로 점차 변화한다.

③ 3단계 : 건조단계(Drying phase ; Yellow 시점)

생두가 열을 흡수하는 흡열반응이 일어나면서 생두 내 수분이 70~90%까지 증발하며 팽창이 일어나는 단계이다. 이 단계에서 생두는 황록색에서 점점 노란색으로 변하며 생두의 풋내는 고소한 빵 굽는 향으로 변하게 된다. 또한 드럼의 온도가 서서히 증가한다.

④ 4단계 : 로스팅 단계(Roasting phase)

㉠ 1차 크랙(First crack)

생두 자체 온도가 약 190℃에 도달하면 열을 방출하는 발열반응이 일어나면서 기기 내부의 온도가 급속하게 상승한다. 이때 다양한 물리 · 화학적 변화가 일어나면서 본격적으로 커피성분이 생성된다. 생두는 이 시기에 탄수화물이 산화하면서 이산화탄소가 발생하여 생두의 센터 컷(center cut)이 갈라지는 소리가 들리게 된다. 이것을 1차 크랙 또는 1차 팝핑(popping)이라 한다. 원두의 표면은 보다 팽창하고 매끈해지며 색은 갈색에 가깝게 변하고 신 향의 발산이 강한 시점이다.

㉡ 2차 크랙(Second crack)

발열반응의 마지막 단계로 로스팅 과정에서 가장 중요한 단계이며 원두의 고유한 향이 발산되는 시점이다. 1차 크랙 이후 원두 내부의 오일성분이 원두의 표면으로 올라오게 된다. 원두는 점차 갈색에서 진한 갈색으로 바뀌며 원두의 표면은 1차 크랙보다 더 팽창한다. 가열로 인한 캐러멜화로 신맛보다는 단맛이 섞이게 된다. 2차 크랙(2차 팝핑) 이후부터는 신맛과 단맛은 거의 없어지고 쓴맛이 강해진다.

⑤ 5단계 : 냉각 단계(Cooling phase)

원하는 수준으로 로스팅이 이뤄졌으면 가열과정을 신속히 중단하고 원두를 로스터에서 배출시킨다. 고온으로 로스팅된 원두는 배출 이후에도 원두 자체 온도에 의해서 로스팅이 진행될 수 있기 때문에 원하는 시점에 정확하게 로스팅을 끝내기 위해서는 빠른 시간에 냉각해야 한다. 로스팅 시간이 길어질수록 쓴맛과 같은 나쁜 향미가 증가한다. 따라서 배출된 원두는 회전식 냉각교반기나 송풍기를 이용해서 냉각한다.

6) 로스팅 단계

커피의 로스팅 단계는 나라와 지역에 따라 구분하는 기준의 차이를 두고 있는데 3단계 또는 4단계, 6~9단계 등 다양한 기준으로 로스팅 단계를 정의하고 있다. 미국 스페셜티 커피 협회(SCAA, Specialty Coffee Association of America)의 SCAA 분류법은 에그트론(Agtron)사의 M-basic이라는 기계를 이용해 총 8단계로 분류한다. 그리고 로스팅 정도를 눈으로 확인할 수 있도록 Agtron #95~#25까지 8단계로 분류된 Color roast classification system을 소개하고 있다. 하지만 로스팅 단계는 색도계를 이용하여 세밀하게 구분한다고 해도, 생두의 품종과 수분 함량 등 여러 가지 요인에 의한 로스팅 단계별 특징을 정확하게 나누는 것은 어려운 일이다. 우리나라는 대부분 8단계로 나누어 로스팅 단계를 구분하고 있다.

표 5-1 로스팅 단계

로스팅 단계	단계별 구분
3단계	Light – Midium – Dark
4단계	Light – Midium – Dark – Very dark
6단계	Cinnamon light – Midium – American light – High American light – Full city – Espresso Europian
8단계	Light – Cinnamon – Midium – High – City – Full city – French – Italian
9단계	Extra light – Very light – Light – Midium light – Midium – Midium dark – Dark – Very dark – Extra – Midium

위 표에서 보는 로스팅 단계는 고정된 것이 아니며 열원의 열량, 날씨, 습도, 생두의 상태별로 로스팅 시간이 달라지고 열량도 달리해야 한다. 일반적인 단계별 로스팅 정도의 기준은 다음과 같다.

Light(라이트)

생두가 열을 흡수하여 수분이 빠져나가고 갈변이 시작되지만 팽창은 시작하기 전인 상태로 원두로 사용하지 않는다.

Cinnamon(시나몬)

1차 팝핑(popping)이 시작되는 단계로 생두의 외피(silver skin)가 활발히 제거되고, 드럼 내부의 온도는 190℃ 전후가 된다.

Medium(미디엄)

1차 팝핑(popping)이 끝나는 순간의 로스팅 상태로, 온도는 200℃ 정도로 신맛이 강하고, 깔끔한 맛은 나지 않는다.

High(하이)

2차 팝핑(popping) 시작 전의 로스팅 상태이다. 온도는 210℃ 정도로 생두의 산지, 품질에 따라서 2차 팝핑 시간과 온도의 차이가 있다. 신맛이 줄어들고 단맛이 나기 시작한다.

City(시티)

2차 팝핑(popping)이 시작되는 시점의 로스팅 상태이고, 온도는 220℃ 정도로 균형 잡힌 맛과 향미를 느낄 수 있다.

Full city(풀시티)

2차 팝핑(popping)이 시작된 후 조금 더 진행된 상태로 신맛은 거의 없어지고 쓴맛과 진한 바디감과 향미를 느낄 수 있다.

French(프렌치)

2차 팝핑(popping)이 가장 활발하게 진행되는 상태이고, 온도는 230℃ 정도로 커피의 쓴맛과 향미를 동시에 파악할 수 있으며, 커피의 스펀지화가 일어난다.

Italian(이탈리안)

2차 팝핑(popping)이 끝나는 시점의 로스팅 상태이고, 온도는 240℃ 정도로 커피의 쓴맛이 최고조로 사실 이탈리아에서도 이러한 로스팅은 거의 하지 않는다. 하지만 커피 산지에서는 이탈리안 로스팅을 쉽게 볼 수 있다.

[그림 5-4] 단계별 로스팅

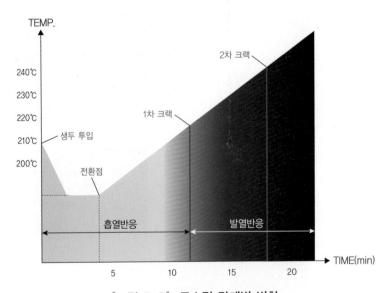

[그림 5-5] 로스팅 단계별 변화

표 5-2 로스팅 정도에 따른 향미의 특징

구 분	로스팅 정도	맛의 구분
약한 로스팅	미디엄(Medium) 하이(High)	신맛이 강하다 바디감과 아로마가 약하다
중간 로스팅	시티(City) 풀시티(Full city)	적절한 신맛과 바디감이 있다
강한 로스팅	프렌치(French) 이탈리안(Italian)	쓴맛이 강하고 신맛이 약하다 스펀지화한다

* 스펀지화 : 커피콩의 오일이 숙성에 의해서가 아니라, 강한 로스팅으로 인해 스며나온다. 보통 약한 로스팅은 신맛이 강하고, 중간 로스팅은 신맛과 쓴맛이 조화롭고, 강한 로스팅은 쓴맛이 강하다.

7) 로스팅에 의한 물리 · 화학적 변화

① 로스팅에 의한 물리적 변화

㉠ 색의 변화

물리적 변화 중 가장 먼저 확인할 수 있는 차이는 생두의 색 변화이다. 로스팅을 하면 녹색(green)인 생두는 노란색(yellow)으로 변하고 1차 크랙 이전까지는 황색(cinnamon), 1차 크랙 후에는 밝은 갈색(light brown)이다. 점차 열을 가하면 갈색(medium brown)에서 짙은 갈색(dark brown)으로 변하며 더 진행하면 검은색(dark)이 된다. 밝은 색에서 어두운 색으로 변하는 이유는 탄수화물의 캐러멜화(caramelization)와 메일라드 반응(Maillard reaction) 때문이다. 생두의 색 변화는 로스팅 정도를 판단하는 기준이 되기도 한다.

Green ▶ Yellow ▶ Cinnamon ▶ Light brown ▶Medium brown
▶ Dark brown ▶ Dark

㉡ 부피의 변화

로스팅이 끝난 원두는 생두에 비해 부피가 증가하게 되는데 생두에 함유된 수분이 증발하면서 압력이 발생하고 다량의 이산화탄소가 생성되어 부풀어 오르는 현상이다. 1차 크랙 이후 수분 증발로 인해 다공질 조직으로 바뀌며 부피가 약 50~70% 정도 팽창한다. 2차 크랙이 일어나면 세포 조직은 더욱 더 다공질로 바뀌어 부서지기 쉬운 상태가 되며 생두 원래의 크기보다 약 80~90% 정도 팽창한다. 부피의 변화는 수분 함량과 생두의 품종, 재배고도, 가공방식과 보관 상태에 따라 달라진다. 또한 부피가 증가하면서 생두의 표면을 감싸고 있던 은피(silver skin)가 벗겨진다.

[그림 5-6] 생두와 원두의 크기 변화

ⓒ 무게의 변화

생두에 열을 가하면 내부의 수분 증발로 부피가 커지는 반면 무게는 줄어들게 된다. 로스팅 시간이 길어질수록 무게가 감소하는데 1차 크랙 시점에서 15~17% 정도, 2차 크랙 이후 18~22% 정도가 감소하게 된다. 수분은 생두의 내부까지 열을 전달하는 것을 돕는 역할을 한다. 그러나 100℃ 이상 올라가게 되면 팽창과 증발이 진행되면서 오히려 열 전달을 방해한다. 무게의 감소는 주로 수분 증발에 의한 것이지만 나머지는 이산화탄소와 성분의 산화, 분해에 의해 일어나기도 한다.

ⓔ 밀도의 변화

부피의 증가와 무게 감소로 밀도는 감소하게 되는데 아라비카 품종에 비해 로부스타 품종의 무게가 더 감소하기 때문에 로부스타의 밀도는 더 감소한다.

ⓜ 수분의 변화

생두를 로스팅할 때 가장 많이 감소하는 것이 수분이다. 수분 함량이 약 10~12%인 생두를 로스팅하면 수분 함량이 약 2~3% 정도로 감소한다.

② 로스팅에 의한 화학적 변화

㉠ 단백질의 변화

생두는 10~13% 정도의 단백질을 포함하는데 로스팅 후에는 단백질 함량에는 거의 변화가 없으나 가용성 성분은 약 50% 정도 감소한다. 메일라드 반응에 의해 단백질이 탄수화물과 결합해 갈색 물질로 변화한다.

ⓛ 탄수화물의 변화

당분은 약 10%에서 로스팅 후 18~26%로 증가하고 가용성 성분도 10%에서 11~19%로 증가한다. 반면에 섬유소 외의 성분은 오히려 감소한다. 메일라드 반응에 의해 탄수화물은 단당류나 다당류가 생성되기도 한다.

ⓒ 지방의 변화

로스팅 후 커피 오일(oil)이라고 부르는 원두의 지방과 기름성분은 약 15% 정도로 약간 증가한다. 비휘발성 지방과 기름은 로스팅 과정에서 열에 의해 변화가 거의 없지만 휘발성 오일의 경우 로스팅 온도에 따라서 그 양이 달라진다. 약 170℃ 정도에서 커피의 특성을 나타내는 휘발성 오일이 생성되며 220℃ 정도에서 가장 좋은 휘발성 커피 향이 생성된다고 한다.

ⓡ 산의 변화

산은 커피의 신맛에 영향을 미치는데 약하게 로스팅한 원두의 산도는 5.8 정도로 신맛이 약하지만 미디엄 로스팅의 경우 좋은 신맛을 보인다. 강하게 로스팅한 경우 산도가 떨어지면서 밋밋하거나 쓴맛을 내게 된다. 이러한 산은 160℃ 정도에서 가장 빠르게 증가하고 190℃에 이를 때까지 점진적으로 증가하다가 그 이상 온도에서 급격히 감소한다.

ⓜ 카페인(Caffeine)의 변화

생두는 약 10%의 카페인을 함유하고 있다. 카페인은 열에 매우 안정적이며 로스팅 중에 승화하지만 로스팅이 끝난 커피에도 일부 포함돼 있다. 강하게 로스팅할수록 카페인의 감소가 많이 일어나게 된다.

ⓗ 트리고넬린(Trigonelline)의 변화

트리고넬린은 카페인과 함께 커피의 쓴맛을 내는 요소 중 하나다. 카페인처럼 로스팅 과정에서 대부분 분해되지만 특히 강하게 로스팅할수록 트리고넬린의 분해도는 떨어지기 때문에 쓴맛이 강해진다.

(2) 로스팅 실전

로스팅에서 중요한 것은 커피의 향미와 바디감 등 커피 본연 성분의 가장 좋은 상태를 찾아 로스팅을 하는 것이다. 최적의 로스팅을 하기 위해서는 생두의 상태에 따라서 몇 단계의 과정으로 로스팅을 진행하는 것이 좋다. 생두의 밀도, 재배고도, 가공과정에 따라서 로스팅이 이루어지게 된다.

1) 로스팅의 시작

① 준비

㉠ 로스터의 내열 그리스(grease) 주입은 주기적으로 되어 있는가(통상 2개 월 1회 정도)?

㉡ 로스터의 청소는 되어 있는가?

- 로스팅 전후에 청소가 잘 되어 있는지 확인한다.
- 로스터 내부와 외부, 쿨러의 내부와 외부 등을 청소한다.
- 연통은 1~2개월에 한 번식 떼어서 연통 내부를 청소한다.
- 사이클론 내부, 로스터 내부 팬 등은 주기적으로 청소한다.

② 예열

㉠ 사이클론 배기 환풍기를 켜고 가스 주입을 1/2 정도로 줄인다. 댐퍼(damper)는 1/2을 열어 예열한다. 이것은 내부의 나쁜 공기를 배출하기 위함이다.

㉡ 예열온도가 200℃까지 올라갔을 때 가스를 끄고 로스터 드럼 내부의 불순물을 확인하고, 불순물이 있으면 배출시킨다.

㉢ 드럼 내부의 온도를 140℃까지 떨어뜨린다.

㉣ 다시 가스를 켜고, 200℃까지 온도를 올려 생두를 투입한다.

2) 댐퍼(Damper)의 조절

기본적으로 드럼의 댐퍼를 열면 드럼 내부의 온도가 떨어지고 닫으면 올라가게 되어 있다. 드럼에 열을 가하면서 회전시키면 드럼 내부는 과열되고, 열이 빠져 나가지 않으면 압력이 증가하게 되는데, 이것을 조절해 주는 것이 댐퍼의 역할이다. 댐퍼가 닫혀 있어 열이 빠져나가지 못하거나 너무 많이 빠져나가 찬 공기의 유입이 많아도 원두의 향미가 떨어진다. 그러므로 댐퍼를 활짝 열어서 드럼 속의 온도가 크게 변하는 것은 피해야 한다.

① 처음 로스팅 시에는 생두에 묻은 먼지나 이물질이 빠져 나가도록 30초 정도 댐퍼를 100% 열고 로스팅한다.

② 30초 이후부터 180℃까지는 댐퍼를 50%만 열고 로스팅한다.

③ 180℃부터는 다시 댐퍼를 100% 열고 끝까지 로스팅한다.

단, 모든 생두를 이 같은 공식대로 하는 것은 아니며, 생두의 상태를 고려하여 조절해야 한다.

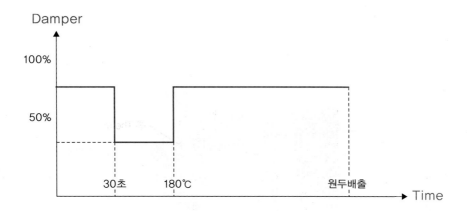

[그림 5-7] **댐퍼의 조절에 따른 로스팅**

3) 로스팅의 종료

① 로스팅을 끝내고 로스터를 끌 때는 드럼을 50℃ 정도로 식힌 후 정지시켜야 회전축
　이 휘는 것을 방지할 수 있다. 고온에서 전원을 끄면 로스터의 회전축이 휠 수 있다.
② 로스터기의 청소를 깨끗이 하고 주변 정리를 한다.

　로스터는 콩을 볶을 수 있는 최대용량의 90~95% 정도로 로스팅을 하는 것이 좋으며,
너무 적은 양을 로스팅해도 열량 과다로 인해 좋은 품질의 원두를 얻기 어려워진다. 그리
고 로스터 1대로 6~7회 이상 연속 로스팅은 피하는 것이 좋다.

(3) 커피 로스터의 명칭과 기능

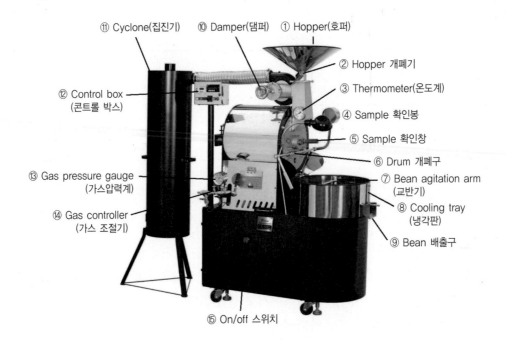

① Hopper(호퍼) : 로스팅을 위한 생두를 담는 장치
② Hopper 개폐기 : 드럼 내부로 생두를 투입하는 장치
③ Thermometer(온도계) : 드럼 내부의 온도 변화 확인
④ Sample 확인봉 : 로스팅 정도(향, 모양, 색의 변화)를 확인하는 봉
⑤ Sample 확인창 : 로스팅 정도를 확인하는 유리창
⑥ Drum 개폐구 : 로스팅이 끝난 후 드럼 내부의 볶은 원두를 배출하는 장치
⑦ Bean agitation arm(교반기) : 로스팅한 원두를 골고루 식혀주기 위한 교반 장치
⑧ Cooling tray(냉각판) : 로스팅 후 원두를 빠르게 냉각시키는 장치
⑨ Bean 배출구 : 냉각한 원두를 배출하는 장치
⑩ Damper(댐퍼) : 드럼 내부의 공기 흐름, 연기, 열량, 분리된 은피 등을 조절하는 장치
⑪ Cyclone(집진기) : 로스팅 과정에서 발생하는 은피와 기타 불순물을 모아주는 장치
⑫ Control box(콘트롤 박스) : 점화 및 화력 조절
⑬ Gas pressure gauge(가스압력계) : 공급되는 가스압력을 표시하는 장치
⑭ Gas controller(가스 조절기) : 드럼에 공급하는 화력을 조절하는 스위치
⑮ On/off 스위치 : 로스터에 전력을 공급하는 장치

[그림 5-8] 로스터의 명칭

2. 커피 블렌딩(Blending)

(1) 커피 블렌딩의 개념

커피의 향미 특성이 서로 다른 2~5종의 생두나 원두를 적절히 배합하여 독특한 맛과 향을 지닌 새로운 커피를 재창조하는 과정을 블렌딩이라 한다. 즉 원두의 원산지, 품종, 가공방법, 로스팅 정도 등에 따라 혼합 비율을 달리하면 새로운 맛과 향을 가진 커피를 만들 수 있다. 따라서 커피 블렌딩을 효과적으로 하기 위해서는 각각의 생두 품종과 원두의 특성을 잘 이해하고 파악해야 한다.

블렌딩은 단종(single origin) 커피의 고유한 맛과 향을 강조하면서도 좀 더 깊고 조화로운 향미를 창조할 수 있으며 저품질의 커피도 블렌딩을 통해 향미가 조화로운 커피를 만들 수 있다. 또한 단종 커피에 향미가 없거나 부족할 경우 다른 커피를 혼합하여 맛과 향을 보완하고 상승시킬 수 있는 장점이 있다. 이러한 커피 블렌딩은 좋은 에스프레소 커피를 추출하기 위한 중요한 과정이자 기본이라고 할 수 있다.

표 5-3 세계 주요 커피 생두의 맛과 향

생두 품종	신맛	단맛	쓴맛	중성적인 맛	향기
브라질 산토스 No.2	–	–	–	○	–
콜롬비아	○	○	–	–	○
과테말라 SHB	○	○	–	–	○
탄자니아 킬리만자로	○	–	–	–	○
자메이카 블루마운틴	○	○	–	–	○
하와이안 코나	○	○	–	–	○
인도네시아 만델링	–	○	○	–	○
에티오피아 시다모	○	○	–	–	–
케냐 AA	○	○	–	○	–
코스타리카 타라주	○	○	–	–	–
멕시코 알투라	–	○	–	○	–
예멘 모카 마타리	○	○	–	–	○
로부스타	–	–	○	–	–

(2) 커피 블렌딩을 위한 조건

① 가격과 품질이 안정되고 신선한 생두를 선택한다.
② 각 생두의 특성을 정확하게 파악한다.
③ 블렌딩 비율은 정확한 계량을 통해 결정한다.
④ 개성이 강한 생두를 주재료로, 균형 있는 맛과 향을 보완해줄 수 있는 생두를 부재료로 활용한다.
⑤ 로스팅 전 블렌딩과 로스팅 후 블렌딩 중 최상의 방법을 선택한다.

(3) 커피 블렌딩 방법

1) 최대효과를 기대할 수 있는 커피 블렌딩 방법

① 원산지가 각기 다른 커피 블렌딩

블렌딩 방법 중 가장 일반적인 방법이다. 동일 국가 내 다른 지역일 경우는 배합이 가능하다.

| 원산지 | 국가 | 브라질 산토스(Santos) + 콜롬비아 수프리모(Supremo) |
| | 국가 내 다른 지역 | 에티오피아 시다모(Sidamo) + 에티오피아 하라(Harrar) |

② 로스팅 정도가 다른 커피 블렌딩

로스팅 정도를 달리하여 배합하는 방법이다. 8단계 로스팅 분류에서 3단계 이상 차이가 나지 않는 것이 바람직하다.

| 로스팅 정도 | 시티 로스트(city roast) + 프렌치 로스트(French roast) | O |
| | 미디엄 로스트(medium roast) + 프렌치 로스트(French roast) | X |

③ 가공 방법이 서로 다른 커피 블렌딩

건식 방법과 습식 방법에 의한 커피를 혼합한 방법이다.

| 가공 방법 | 브라질 워시드(washed) + 브라질 내추럴(natural) |

④ 품종이 서로 다른 커피의 블렌딩

서로 다른 품종의 커피를 혼합하는 방법이다.

| 커피 품종 | 브라질 버본(Bourbon) + 파푸아뉴기니 티피카(Typica) |

표 5-4 대표적인 커피 블렌딩

향미	커피 품종	비율(%)	로스팅
신맛과 향기로운 맛	콜롬비아 엑셀소	40	시티 로스트 (City roast)
	멕시코	20	
	브라질 산토스	20	
	예멘 모카	20	
중후하고 조화로운 맛	브라질 산토스	40	풀시티 로스트 (Full city roast)
	콜롬비아 엑셀소	30	
	예멘 모카	30	
달콤하고 약간 쓴맛	브라질 산토스	30	풀시티 로스트 (Full city roast)
	콜롬비아 엑셀소	30	
	인도네시아 자바	20	
	탄자니아 킬리만자로	20	
쓰고 약간 달콤한 맛	브라질 산토스	30	풀시티 로스트 (Full city roast)
	콜롬비아 엑셀소	30	
	엘살바도르	20	
	인도네시아 자바	20	
단맛이 있는 에스프레소	브라질 산토스	40	프렌치 로스트 (French roast)
	콜롬비아 수프리모	40	
	과테말라 SHB	20	

표 5-5 생두 품종 수에 따른 블렌딩

블렌딩	커피 품종	비율(%)
2종 블렌딩	예멘 모카	60
	콜롬비아 엑셀소	40
3종 블렌딩	브라질 산토스	40
	콜롬비아 엑셀소	30
	예멘 모카	30
4종 블렌딩	콜롬비아 엑셀소	40
	과테말라 SHB	30
	온두라스	20
	인도네시아	10

5종 블렌딩	예멘 모카	35
	과테말라 SHB	20
	콜롬비아 엑셀소	20
	브라질 산토스	15
	인도네시아	10

2) 로스팅 시기에 따른 커피 블렌딩 방법

① 로스팅 전 블렌딩(혼합 블렌딩, Blending before roasting)

기호에 따라 미리 정해진 비율로 생두를 혼합하여 동시에 로스팅하는 방법이다. 로스팅을 한 번만 하므로 편리하다. 블렌딩한 커피의 색이 균일하고 재고 부담이 적으며 균일한 커피 맛을 낸다. 그러나 생두의 특징을 고려하지 않기 때문에 적정한 로스팅 정도를 결정하기 어려운 단점이 있다.

② 로스팅 후 블렌딩(단종 블렌딩, Blending after roasting)

각각의 생두를 로스팅한 후 블렌딩하는 방법이다. 적정하게 로스팅된 원두를 서로 혼합하여 풍부한 맛과 향을 얻을 수 있다. 그러나 블렌딩하는 품종의 가짓수만큼 로스팅 횟수가 많고 단종별로 재고가 발생하여 관리하기 어렵다. 생두에 따라 로스팅 정도가 다르므로 블렌딩커피의 색이 균일하지 않다.

표 5-6 로스팅 전과 후의 블렌딩 특성

구분	혼합 블렌딩(Blending before roasting)	단종 블렌딩(Blending after roasting)
방법	정해진 비율에 따라 생두를 혼합하여 동시에 로스팅하는 방법	각각의 생두를 따로 로스팅한 후 블렌딩하는 방법
특징	• 커피의 특성에 차이가 많은 경우 적용하기 어렵고 적정한 로스팅 정도를 결정하기 어렵다	• 적정하게 로스팅된 원두를 서로 혼합하여 풍부한 맛과 향을 얻을 수 있어 커피의 특성을 최대한 발휘한다
	• 로스팅을 한 번만 하므로 편리하다	• 사용되는 커피 종류만큼 로스팅해야 하므로 작업이 어렵고 횟수가 많다
	• 재고 부담이 적다	• 재고 관리가 어렵다
	• 블렌딩커피의 색이 균일하다	• 블렌딩한 커피의 색이 불균일하다
	• 균일한 커피 맛을 낼 수 있다	• 항상 균일한 커피 맛을 내기 어렵다

3. 커피 분쇄(Grinding)

(1) 분쇄의 개념

생두의 특성에 맞는 적절한 로스팅 과정을 통해 잘 볶아진 고품질의 원두를 얻었다 하더라도 분쇄 과정을 거쳐야만 커피가 가지고 있는 고유의 맛과 향을 나타낼 수 있다. 분쇄는 로스팅한 원두를 분쇄기(grinder)를 이용하여 갈아내는 것을 말한다. 원두를 분쇄하는 가장 큰 이유는 단단한 원두 상태로는 추출이 어렵기 때문에 커피의 표면적을 최대한 넓혀서 추출효율을 극대화하기 위해서이다. 신선한 커피의 맛과 향을 즐기려면 커피를 추출하기 직전에 원두를 분쇄하는 것이 바람직하다. 왜냐하면 분쇄한 커피가루는 공기 중의 산소, 냄새와 수분을 흡수하고 향이 빠르게 소실되는 반면, 분쇄하지 않은 커피는 단단한 외피로 둘러싸여 있기 때문에 공기 중의 산소와의 접촉이 적어 산패가 더디게 진행되고 향의 손실도 적기 때문이다.

분쇄에서 가장 중요한 점은 커피 추출기구의 종류와 방법에 따라 커피입자의 분쇄도를 조절하는 것이다. 분쇄입자가 가늘수록 표면적이 넓어 커피성분이 충분히 추출되며 굵을수록 물의 통과시간이 빨라져 커피성분이 적게 추출된다. 그리고 원두를 분쇄할 때 발생하는 열을 최소화해야 커피성분의 변화를 최대한 줄일 수 있다. 또한 분쇄된 커피입자의 크기가 균일해야 한다. 입자의 크기가 균일하지 않을 경우 각각의 커피입자에서 추출되는 가용성 성분의 정도가 다르기 때문에 쓴맛과 거친 맛을 지닌 커피가 추출될 수 있다. 따라서 커피가 물과 접촉하는 시간이 짧은 에스프레소 커피와 같은 경우는 미세한 입자로 분쇄해야 한다. 물과 접촉하는 시간이 긴 커피 추출기구를 사용할 때는 원두를 조금씩 굵게 분쇄해야 한다.

로스팅된 원두를 작은 크기의 커피입자로 만드는 과정인 분쇄는 두 단계를 거쳐 완성된다. 첫 번째 단계는 단단한 원두를 분쇄기의 압축에 의해 조각내는 파쇄(crushing)단계이다. 두 번째 단계는 원두 조각을 커피 추출기구의 종류나 추출방법에 알맞은 크기로 절삭(cutting) 또는 마쇄(grinding)하는 단계이다. 일반적으로 분쇄한 원두입자의 크기에 따라 굵은(coarse) 분쇄, 중간(medium) 분쇄, 가는(fine) 분쇄, 미세(micro) 분쇄 등으로 나뉜다.

이브릭   에소프레소   드립   프렌치프레스

[그림 5-9] **추출기구에 맞게 분쇄된 커피가루**

(2) 분쇄기(Grinder)의 종류

1) 핸드밀(Hand mill)

톱니바퀴의 원리를 이용하여 만든 핸드밀은 원두를 파쇄하는 형태의 수동식 분쇄도구이다. 이 핸드밀은 사람 손의 힘과 맞물려 돌아가는 톱니에 의해 원두가 깨지고 부스러지면서 잘게 분쇄되는 방식으로 커피입자의 균일함이 떨어지고 속도가 느리다는 단점이 있다. 이러한 불균일한 분쇄는 부분적으로 과소 또는 과다추출이 일어나 맛의 균일성을 떨어뜨리는 요인이 된다. 원목, 도자기, 플라스틱 등의 재질을 사용하여 만든 핸드밀은 고전적인 스타일에서 현대적인 디자인의 형태까지 종류가 다양하여 인테리어 소품으로도 활용하고 있다. 핸드밀은 이동이 편리하고 대체로 가격도 저렴하여 일반가정에서 부담 없이 사용하기에 알맞다.

[그림 5-10] **핸드밀의 종류**

2) 전동식 그라인더(Electric grinder)

전기로 작동하는 전동식 그라인더는 간단한 조작으로 정밀한 분쇄가 가능하며 다량의 원두도 빠른 시간 내에 분쇄할 수 있다. 전동식 그라인더에는 충격식(impact) 그라인더와

간격식(gap) 그라인더의 두 가지 방식이 있다.

① 충격식 그라인더(Impact grinder)

충격식 그라인더는 가정용 믹서와 같이 날개형의 금속제 칼날이 고속으로 회전하면서 원두에 충격을 가해 분쇄하는 방법이다. 이 방식은 분쇄 정도를 조절하는 별도의 장치가 없어 작동시간이나 원두의 상태를 육안으로 확인하면서 분쇄 정도를 조절해야 하기 때문에 분쇄입자의 균일도가 떨어지는 단점이 있다. 또한 그라인더의 부피가 작아 냉각장치를 부착할 수 없기 때문에 분쇄 과정에서 발생하는 열에 의해 커피의 맛과 향이 떨어지는 단점이 있다. 그러나 가격이 저렴하고 적당한 크기를 가지고 있어 가정용 그라인더로 많이 사용하고 있다.

[그림 5-11] **충격식 그라인더 사진**

② 간격식(Gap) 그라인더

일정한 간격을 두고 돌아가는 금속 톱니바퀴 사이로 원두를 통과시켜 분쇄하는 방식이다. 간격식 그라인더는 롤형(roll)과 버형(burr)으로 나뉘고, 버형은 다시 원뿔형 버(conical burr)와 평면형 버(flat burr)로 나뉜다. 일반 커피전문점에서 볼 수 있는 상업용 그라인더는 버형에 속하며, 신속하고 정밀한 분쇄가 가능한 롤형은 주로 산업용으로 원두를 대량으로 분쇄할 때 쓰인다.

ㄱ 롤형(Roll)

롤형은 서로 반대방향으로 회전하는 톱니 모양의 두 실린더 사이로 원두를 통과시켜 분쇄하는 그라인더이다. 회전수가 많고 실린더가 평면형이어서 신속하고 균일한 분쇄가 가능한 반면에 마찰열이 발생할 가능성이 높다.

ⓛ 버형(Burr)

• 원뿔형(Conical burr)

원뿔형은 주로 전동식 소형 그라인더나 수동식 핸드밀에 적용되는 형태이며 하단에 고정되어 있는 칼날 안으로 원뿔의 칼날이 회전하여 들어가면서 원두가 분쇄되는 형태이다. 회전수가 적어 열 발생이 적은 반면에 원통형에 비해 분쇄된 원두입자가 고르지 못하다. 또한 분쇄속도가 느리고 많은 양의 원두를 분쇄하기에는 적합하지 않은 형태이다.

[그림 5-12] **원뿔형 그라인더**

• 평면형(Flat burr)

평면형태의 한 쌍의 톱니모양 금속판 중에서 상단 금속판 톱니는 고정되어 있으며 하단 금속판 톱니가 회전하면서 원두를 분쇄하는 방식이다. 상단 금속판 톱니를 돌려서 하단 금속판 톱니와의 간격을 조절하면 원두입자를 다양한 크기로 분쇄할 수 있다. 평면형은 가격이 비싸고 열이 발생할 가능성이 있지만 분쇄입자가 균일하다는 장점이 있어 상업용으로 많이 사용한다.

[그림 5-13] **평면형 그라인더**

3) 그라인더의 명칭과 기능

호프 뚜껑
호퍼
원두 투입량 조절레버
원두 투입레버
분쇄입자 조절레버
도저
포터필터 받침대
분쇄커피 배출레버
On/off 스위치
그라인더 트레이

① 호퍼 : 원두를 담는 통
② 원두 투입레버 : 레버를 안으로 밀면 호퍼에 담긴 원두가 이동하지 않고(close), 밖으로 당기면 호퍼에 담긴 원두가 이동(open)한다.
③ 원두 투입량 조절레버 : 시계 방향으로 돌리면 양이 줄어들고 시계 반대방향으로 돌리면 양이 늘어난다.
④ 분쇄입자 조절레버 : 숫자가 커질수록 입자가 굵어지고 숫자가 작아지면 입자가 가늘어진다.
⑤ 도저 : 분쇄된 원두를 보관하는 통
⑥ 분쇄 커피 배출레버 : 앞으로 당기면 도저 안에 있는 분쇄된 원두가 배출된다.
⑦ 포터필터 받침대 : 레버를 당겨 분쇄된 원두를 받을 때 포터필터를 걸쳐 놓는 받침대
⑧ On/off 스위치 : 스위치를 1로 놓으면 on, 0으로 위치시키면 off이다(1/0 대신 on/off로도 표시). 스위치를 켜면 호퍼에 담긴 원두가 분쇄되어 도저로 이동한다.
⑨ 그라인더 트레이 : 배출구에서 떨어진 커피가루 받침대

[그림 5-14] **그라인더의 명칭**

Chapter 06

커피 추출

1. 커피 추출(Brewing)

(1) 커피 추출의 의미

맛과 향이 가득한 한잔의 커피가 만들어지기까지 생두(green bean)는 로스팅(roasting), 분쇄(grinding), 추출(extraction; brewing)의 과정을 거치게 된다.

커피 추출이란 각 나라의 산지별 품질이 좋은 생두를 선별하고 생두가 지닌 여건을 고려하여 충분히 맛을 낼 수 있는 최상의 상태로 볶은 원두를 추출하기에 적정한 크기로 분쇄한 후 다양한 추출기구와 방식에 따라 물을 이용하여 개인의 취향에 맞는 커피 본연의 맛과 향 성분을 우려내는 것을 의미한다.

커피 추출과정은 중력과 확산작용에 의해 물이 분쇄된 커피 원두입자 속으로 스며들면서 커피의 가용성 성분을 용해하고 용해된 성분들이 입자 밖으로 용출되는 과정을 거치게 되며 물의 침지 또는 여과 방식으로 추출하는 것이다.

(2) 커피 추출기구의 종류

드립(Drip)

프렌치프레스(French press)

사이펀(Syphon)

모카포트(Mocha pot)

이브릭(Ibrik)

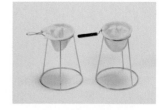
융드립(Flannel)

[그림 6-1] **다양한 추출기구**

(3) 커피 추출방법

커피 추출방법은 추출기구에 따라 다양하며 여러 가지 방법으로 분류할 수 있다. 이를 크게 나누면 분쇄된 커피를 물에 침지시켜 우려내는 침지법과 다양한 재질 형태의 필터에 분쇄된 커피를 담아 물로 걸러내어 추출하는 여과법으로 나눌 수 있다. 하지만 커피 추출기구의 특성에 따라 침지법과 여과법을 병행하는 추출방법도 있다.

표 6-1 커피 추출방법

추출방법의 종류		추출방법	추출기구
침지법 (Steeping)	달이기 (Decoction)	추출용기 안에 물과 분쇄한 커피를 넣고 같이 끓인 후 커피를 마시는 방법	이브릭(Ibrik) 퍼콜레이터(Percolator)
	우려내기 (Infusion)	추출용기 안에 분쇄한 커피를 넣고 뜨거운 물을 부은 후 압력을 가해 커피성분을 추출하는 방법	프렌치프레스(French press)
여과법 (Brewing)		여과용 필터에 분쇄한 커피를 넣은 후 물을 부어 커피성분을 추출하는 방법	융드립 페이퍼드립 워터드립 베트남 핀드립
가압추출법 (Pressurized extraction)		분쇄한 커피에 뜨거운 온도의 물을 압력을 가해 통과시켜 커피성분을 추출하는 방법	에스프레소 머신(Espresso machine) 모카포트(Mocha pot)
진공여과법 (Vacuum filtration)		기압차를 이용하여 커피를 추출하는 방법	사이펀(Vacuum brewer; Siphon)

(4) 커피 추출조건

1) 신선한 원두

먼저 신선한 원두를 얻기 위해서는 산지별 생두의 종류와 품질이 무엇보다도 중요하며 최적의 조건으로 로스팅하여 얻은 신선한 원두는 커피 추출에서 가장 중요하다. 원두(whole bean)는 로스팅한 후 약 15일 이내 또는 분쇄한 후 약 7일 이내의 것이 가장 신선하다. 그 이상 경과하면 원두는 공기 중의 산소와 접촉하여 산패하기 시작하므로 좋은 커피를 추출할 수 없다. 원두는 필요할 때 소량으로 구매하고 마실 때마다 분쇄하는 것이 가장 좋다.

2) 원두의 적정 분쇄도

최상의 맛과 향을 지닌 커피를 추출하기 위해서는 로스팅한 원두를 추출기구의 특성과 추출방법에 알맞은 입자 크기로 분쇄해야 한다. 분쇄(grinding)한다는 것은 로스팅한 원두를 갈아내는 것을 의미하며 그 이유는 분쇄된 원두의 표면적을 넓게 하여 물이 쉽게 커피가루 층을 통과하면서 로스팅 시 생성된 가스를 배출시키고 커피가 가지고 있는 고유한 맛과 향을 지닌 유효성분을 추출하기 위해서이다. 분쇄할 때 주의할 점은 추출기구와 방법에 맞는 균일한 입자크기, 적정습도, 분쇄기의 발열을 최소화하는 것이다. 신선하고 좋은 커피를 추출하기 위해서는 추출 직전에 원두를 분쇄하는 것이 가장 바람직하다.

표 6-2 커피 추출기구에 따른 적정 분쇄도

구분	미세 분쇄	가는 분쇄	중간 분쇄	굵은 분쇄
입자크기	0.2~0.3mm	0.5mm	0.5~0.7mm	0.9mm 이상
추출기구	에스프레소	사이펀	드립	프렌치프레스
추출시간	25~30초	1분	3분	4분

3) 신선한 물

커피를 추출할 때 좋은 물은 커피 본연의 맛과 향을 표현하는 가장 중요한 요소 중 하나이다. 물은 수돗물, 연수, 경수로 분류하는데 커피 추출에 적합한 물은 이산화탄소(CO_2)가 어느 정도 남아있고 미네랄(50~100ppm) 함량이 적은 약 경수가 커피 고유의 맛과 향을 표현하는 데 가장 좋다. 미네랄이 많을 경우 커피입자 사이를 통과하는 물의 흐름을 지연시키거나 수용성 성분을 추출하는 데 방해가 된다. 가급적 수돗물을 사용하지 않는 것이 좋고 부득이 사용할 때는 이산화탄소가 다소 남아 있도록 끓인 후 사용하는 것이 좋다.

커피를 추출할 때 물의 온도가 낮으면 향미가 약하며 신맛과 탄닌성분으로 인한 떫은 맛이 강해지고 커피성분을 추출하는 데 시간이 오래 걸린다. 반면에 물의 온도가 높으면 추출시간은 짧아지지만 카페인성분의 용해로 쓴맛과 날카로운 맛이 강해지므로 적정한 물의 온도도 중요하다. 일반적으로 90~92℃ 정도의 물이 커피와 접촉했을 때 바디감이 좋다.

4) 커피의 최적 추출시간

커피 추출시간이 적정할 경우에는 커피의 향미가 최대한 표현되지만 추출시간이 너무 길어지면 향미가 줄어들고 쓴맛과 떫은맛이 나므로 최적의 추출시간 조절이 중요하다. Coffee Brewing Center(CBC)의 연구에 의하면 커피성분 중 가용성 성분은 24~27% 정도이며 이 성분 중 추출수율이 18~22%일 때 커피의 향기가 가장 풍부하고 조화된 맛을 느낄 수 있다고 한다. 추출수율이 낮으면 과소추출되어 풋내(grassy)와 땅콩 냄새가 나며 과다추출될 경우에는 쓰고 떫은맛이 난다.

(5) 커피 추출기구

1) 핸드드립(Hand drip)

핸드드립은 필터드립(filtered drip) 또는 페이퍼드립(paper drip)이라고도 하며 원두를 분쇄하여 여과장치에 넣고 뜨거운 물을 천천히 부어 커피성분을 추출하는 방법이다. 핸드드립은 커피를 자연압(중력)으로 추출하므로 '커피를 내린다'고 한다. 페이퍼드립은 1908년 가정주부인 독일의 멜리타 벤츠(Melitta Bentz)에 의해 고안된 추출방식이 일본에 전파되어 다양한 형태의 드리퍼(dripper)를 고안하여 발전시킨 커피 추출방법이다. 이 핸드드립의 특징은 기계가 아닌 사람의 손으로 직접 커피를 내리기 때문에 사람마다 개성적인 커피 고유의 맛과 향을 표현할 수 있다.

① 드립포트(Drip pot)

분쇄한 원두에 뜨거운 물을 주입하기 위한 기구이다. 드립포트는 커피에 사람 손으로 물을 붓기 때문에 무엇보다도 물줄기의 굵기와 속도가 안정적이고 일정하게 주입해야 가용성 성분이 잘 용해되어 좋은 맛과 향을 지닌 커피를 추출할 수 있다. 일반 주전자의 형태와는 달리 물을 내리는 주입구가 S자 형태로 마치 학의 목처럼 생겼다 하여 학구(鶴口)라고 부르기도 한다. 주입구는 가능한 한 굵기가 가늘고 긴 것이 물줄기를 조절하기 쉽다. 그러나 주입구가 너무 좁으면 많은 양의 커피를 추출할 때 물 주입시간이 길어 과다추출되므로 맛과 향이 감소할 수도 있다. 점 드립 시에는 주입구가 아래쪽으로 휘어진 형태가 편리하다. 드립포트는 스테인리스, 동, 에나멜 등의 재질로 되어 있고 보온효과와 가격의 차이가 있다.

[그림 6-2] **드립포트**

② 드리퍼(Dripper)

여과지(filter paper)를 올려놓고 분쇄한 원두를 담는 기구이다. 역삼각형과 원추형 모양의 드리퍼는 물이 원활하게 흐를 수 있도록 경사지게 만들고 구멍을 낸 형태이다. 이 구멍은 물길 역할을 하는 동시에 필터와 드리퍼가 밀착되어 커피 추출액이 역으로 침투하는 것을 방지해준다. 드리퍼의 종류는 일반적으로 멜리타(Melitta), 칼리타(Kalita), 코노(Kono), 하리오(Hario) 등이 있다. 드리퍼의 재질은 강화플라스틱(아크릴), 동, 도자기, 천, 스테인리스 등으로 다양하다. 강화플라스틱 드리퍼는 가격이 저렴하고 관리가 편리하여 핸드드립에 주로 많이 쓰이나 변형이나 변색이 일어날 수 있으며 동 드리퍼는 보온효과와 열전도성은 좋으나 가격이 비싸다는 단점이 있다. 도자기 드리퍼는 보온효과는 좋으나 깨지기 쉽고 가격도 강화플라스틱 드리퍼보다는 비싸다. 드리퍼 내부에 길게 돌출되어 있는 리브(rib)는 커피를 추출할 때 생기는 공기와 가스의 배출 통로 역할을 하여 커피성분이 잘 용해되도록 하며 주입한 물의 흐름을 원활하게 한다. 또한 추출 후 드리퍼 벽면에 밀착된 여과지를 쉽게 제거해 주는 역할도 한다. 일반적으로 리브의 수가 많고 높이가 높을수록 물이 잘 통과한다.

표 6-3 핸드드립을 위한 드리퍼의 종류

종류	형태		추출구		특징
멜리타 (Melitta)	역 삼 각 형		1개	3 mm 	역삼각형 모양이고 칼리타에 비해 폭이 크고 경사각이 가파르며, 리브가 굵고 드리퍼 끝까지 연결되어 있다. 드리퍼 내부의 물 빠짐 속도가 느리다.
멜리타 아로마 (Melitta Aroma)			1개	3 mm 	멜리타의 구조와 유사하지만 추출구가 바닥면에서 약 1cm 올라가 있기 때문에 추출구까지 일정량의 커피가 머물게 되어 쓰고 떫은맛보다는 향미가 있는 커피가 추출된다.

칼리타 (Kalita)	역 삼 각 형		3개 **5 mm**	멜리타와 형태가 비슷하나 추출구가 3개로 물 빠짐이 용이하고 리브 사이가 촘촘하다.
코노 (Kono)	원 추 형		1개 **14 mm**	원추형 모양이고 두꺼우며 리브의 수가 적고 길이가 짧다.
하리오 (Hario)			1개 **18 mm**	코노와 형태가 비슷하나 리브가 추출구까지 나선형으로 연결되어 있어 물 빠짐이 좋다.
융 (Nel)			없다	Flannel이라는 천의 일종으로 지방성분도 추출되어 강한 향과 바디감이 있는 커피를 추출할 수 있다. 여러 번 사용할수록 지방성분 때문에 투과시간이 느려져 일정한 추출이 어렵고 악취가 발생할 수 있으며 보관이나 관리가 까다롭다.

③ 여과지(Filter paper)

여과지는 분쇄한 원두를 담고 커피성분을 추출한 후 남은 찌꺼기를 거르는 역할을 한다. 필터에는 종이, 융, 폴리프로필렌, 다공성 금속 여과판, 금속여과망 등이 있으나 주로 종이필터를 가장 많이 사용한다. 종이필터는 재사용이 불가능한 일회용으로 융에 비해 사용이 편리하며 가격 또한 저렴하여 가장 많이 사용하고 있다. 이러한 종이필터는 표백을 하지 않은 Natural 또는 Brown 여과지와 표백 처리된 White 여과지 두 종류를 사용하고 있다. Natural 또는 Brown 여과지는 인체의 유해성 논란의 대안으로 만들어졌지만 종이 특유의 맛이 커피에 묻어나오는 단점이 있다. White 여과지는 표백처리를 위해 염소성분을 사용하였으나 최근에는 산소계 표백제를 사용하여 생산하고 있는 추세이다. 종이필터의 재봉선(접는 부분)은 풀을 사용하였으나 현재는 기계압착을 사용하는 것이 일반적이다. 종이필터는 커피의 맛을 조금 감소시키기는 하나 커피 오일까지 걸러내고 미세한 입자만 통과시켜 부드러운 커피 맛을 만들어 낸다. 금속필터의 재질은 스테인리스, 티타늄 등이 있으며 영구 사용이 가능하다는 장점이 있다. 커피 고유의 맛을 보존해 주지만 미세한 찌꺼기까지는 걸러내지 못하여 굵게 분쇄한 커피를 사용한다. 천 필터는 면으로 된 모슬린, 플란넬, 삼과 같이 표백처리를 하지 않은 천연섬유를 사용한다. 커피의 맛을 그대로 보존하면서도 찌꺼기가 전혀 없어 강하면서도 부드러운 맛을 낸다.

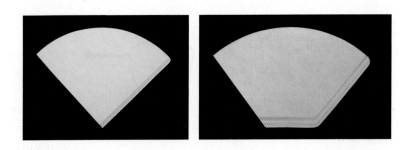

[그림 6-3] 여과지

여과지 접는 방법

① 여과지를 뒤집은 다음 세로면의 재봉선을 접힌 아랫면 재봉선과 엇갈리게 접는다. 여과지를 벌린 다음 여과지 안쪽에 손을 세워 누르고 다른 손의 엄지와 검지로 양쪽 끝을 접어 밑 부분을 정리한다.

② 여과지 아랫면의 재봉선 부분을 위로 한 번 접는다.

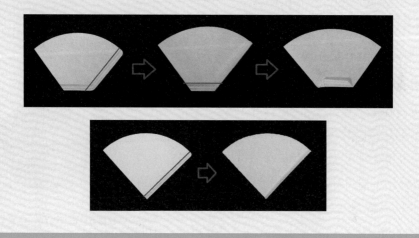

④ 드립서버(Drip server)

커피를 내릴 때 드리퍼 아랫부분에 놓고 추출된 커피를 받아내는 기구이다. 일반적으로 드립서버는 드리퍼와 함께 한 세트로 판매되며 추출되는 커피의 양과 농도를 알 수 있도록 눈금이 새겨져 있다. 드립서버의 재질은 유리, 플라스틱, 도자기 등 재질이 다양하다.

[그림 6-4] **드립서버**

⑤ 계량스푼(Measuring spoon)

분쇄된 원두의 양을 측정하는 스푼이다. 일반적으로 한 잔 분량의 에스프레소 커피는 약 7g, 핸드드립 커피는 약 10g 정도의 원두가 적당하다.

[그림 6-5] **계량스푼**

⑥ 온도계(Thermometer)

커피를 추출하는 물의 온도를 측정하는 기구이다. 커피
를 추출할 때 중요한 요인 중 하나가 물의 온도이다. 추출
하는 물의 온도가 낮으면 신맛과 떫은맛이 강해지고 높으
면 쓴맛과 날카로운 맛이 강해진다. 또한 물의 온도는 원
두의 로스팅 정도에 따라 커피 맛과 향이 다르게 표현될
수 있으므로 적정한 온도 조건을 찾아야 한다.

[그림 6-6] 온도계

⑦ 스톱워치(Stopwatch)

커피를 추출하는 데 소요되는 시간을 측정하는 기구이
다. 추출시간은 커피의 맛과 향 그리고 농도에 중요한 영
향을 미친다. 추출시간이 짧을수록 과소추출되어 커피 맛
과 향의 균형감이 상실되고 농도가 약한 가벼운 커피가 되
며 추출시간이 길어질수록 과다추출되어 쓰고 텁텁한 커
피가 된다. 보통 핸드드립으로 두 잔 분량의 커피를 추출
할 때는 약 2분 30초 내외에서 추출하는 것이 바람직하다.

[그림 6-7] 스톱워치

⑧ 분쇄기(Grinder)

로스팅한 원두를 분쇄할 때 사용하는 기구이다. 분쇄의 목적은 원두를 잘게 부수어 표면
적을 넓게 함으로써 물이 커피가루를 쉽게 통과하면서 커피 고유성분들을 쉽게 추출하기
위한 것이다. 분쇄된 커피가루는 신선도가 급격히 떨어지므로 가능한 한 커피를 추출하기
직전에 분쇄하여 사용하는 것이 좋다. 각각의 추출기구 특성과 종류에 따라 분쇄입도를
달리해야 최적의 커피를 추출할 수 있다. 분쇄입자가 가늘수록 표면적이 넓어져 커피성분
이 짧은 시간 안에 충분히 추출되며 분쇄입자가 굵을수록 물의 통과시간이 빨라져 커피성
분이 적게 추출되고 추출시간이 길어진다. 따라서 원두가 지닌 고유한 맛과 향을 잘 표현
하기 위해서는 추출기구의 특성에 따라 적당한 크기의 분쇄입도와 고른 입도를 유지해야
한다. 가정에서 사용하는 핸드밀(hand mill)은 인테리어 소품으로 쓸 수 있고 가격도 대
체로 저렴한 편이나 원두가 으깨지면서 분쇄되어 입자의 균일함이 떨어지는 단점이 있다.
핸드밀은 나무, 도자기, 플라스틱 등을 사용해 만든 고풍의 디자인부터 현대적인 디자인
까지 종류도 다양하다. 전동식 그라인더는 간단한 조작으로 정밀한 분쇄와 다량의 원두도
빠른 시간 안에 분쇄하지만 기계 내부 청소와 관리가 어려운 단점이 있다.

[그림 6-8] 핸드밀, 가정용 · 상업용 분쇄기

2) 핸드드립을 위한 기본요령

① 핸드드립의 자세

- 오른손잡이 기준으로 왼손은 테이블에 얹어 놓고 최대한 몸이 움직이지 않도록 균형을 맞춘다.
- 발은 왼발을 앞으로 오른발은 뒤로 엇갈리게 둔다.
- 허리는 약간 기울이며 어깨와 팔에 힘을 너무 많이 주지 않는다.
- 오른손으로 물이 담긴 드립포트를 잡고 드리퍼에 부딪치지 않게 하며 시선은 물줄기에 둔다.
- 몸에 힘을 빼고 드리퍼에 일정한 방향과 속도로 드립포트를 돌려 추출한다.

[그림 6-9] 핸드드립 자세

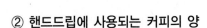

② 핸드드립에 사용되는 커피의 양

커피 분량은 드리퍼의 종류에 따라 달리한다. 분쇄한 원두의 1인분 양은 정해져 있는 것은 아니며 기호에 따라 가감하여 사용하면 된다. 일반적으로 1인분일 경우에는 15g 정도, 2인분 이상일 경우에는 18g 정도로 조정하여 사용하는 것이 좋다. 커피 추출량은 1인분이 추가될 때마다 100ml씩 늘리면 된다.

표 6-4 드리퍼에 따른 분쇄원두의 양과 추출량

구 분	분쇄원두의 양(g/1인분)	추출량(ml)
칼리타	10	100
멜리타	7	100
코노	10	100
하리오	10	100
융	15	100

③ 핸드드립 준비과정

• 끓인 물로 드리퍼, 드립서버, 커피잔을 데운다. 이는 90℃로 물의 온도를 맞추기 위함이며 최적의 맛을 내기 위한 준비과정이다.

• 드립서버 위에 드리퍼를 올려놓은 후 필터의 옆면과 아랫면을 서로 반대방향으로 접어 드리퍼에 빈틈이 없도록 끼운다.

• 분쇄된 원두를 드리퍼에 담는다. 계량스푼으로 한 스푼이(10g) 1인분이다. 1인분을 추출할 때는 15g이 적절하다. 드리퍼의 원두는 가볍게 흔들어 평평하게 한다. 이는 커피성분을 균일하게 추출하기 위해서이다.

• 드립포트에 온도계를 꽂은 후 끓는 물을 붓는다. 몇 잔을 추출할 것인가에 따라 크기와 용량이 다른 드립포트를 선택하고 물은 드립포트의 약 8부 정도 채워서 주입하는 것이 적당하다. 8부 이하 또는 이상으로 채워서 주입하면 물줄기가 끊어지거나 너무 많은 양이 나와 일정한 물줄기로 추출하는 것이 어렵다.

• 적정한 추출온도에 맞추기 위해 드립포트의 물을 드립서버에 번갈아 반복하여 옮겨 붓는다. 이는 드립서버를 예열하는 효과도 있다.

④ 핸드드립 뜸 들이기(불리기)

핸드드립 추출의 첫 번째 단계는 뜸 들이기 또는 불리기 단계이다. 뜸 들이기는 본격적인 추출에 앞서 물을 커피가루가 골고루 적셔질 정도로 약간 붓고 약 30초 정도 불리는 과정이다. 신선한 원두커피는 이때 가스를 배출하며 초콜릿머핀처럼 부풀어 오르는 반면에 오래된 원두커피는 탄산가스의 소실로 가운데 부분이 오목하게 들어간다. 뜸의 역할은 본격적인 추출 전 물이 균일하게 확산되어 커피가루 전체에 물이 고르게 퍼지고 물을 흡수한 커피가루 입자 내의 수용성 성분이 물에 충분히 용해되어 추출을 원활하게 하는 것이다. 또한 커피 내의 탄산가스와 공기를 배출시켜 커피성분을 원활하게 추출할 수 있도록 하는 데 있다. 이러한 뜸 들이기는 성공적인 추출 여부를 결정하는 중요한 단계이므로 세심한 주의가 필요하다. 뜸 들이는 방법은 여러 가지가 있으나 일반적으로 나선형 방법이 가장 널리 사용된다. 나선형은 중앙에서 시작하여 점차 바깥쪽으로 나선형의 원을 그리며 물을 주입하는 방법이다. 이 때 커피가루 표면에 물줄기를 가늘고 일정하게 주입해야 하며 한 곳에 계속 머물게 되면 의도하지 않은 추출이 일어날 수 있다. 반면에 물줄기를 일정하게 주입하지 않으면 뜸이 들지 않는 부분이 생겨 커피성분이 제대로 추출되지 않게 된다. 뜸을 들일 때 필터에 직접 물이 닿게 되면 드리퍼를 타고 드립서버로 흘러 들어가게 되어 필터 맛이 우러나오고 커피 맛이 싱거워질 수 있으므로 뜸을 들일 때 너무 끝까지 주입하지 않도록 한다.

표 6-5 뜸 들이기 단계에서 물 주입량에 따른 커피성분의 추출

구분	뜸 현상	뜸 효과	추출상태
적정 물 주입량	뜸 들이고 몇 초 후 드립서버에 커피액이 떨어진다.	커피가루를 골고루 적셔 커피성분이 충분히 추출된다.	적정추출
많은 물 주입량 (과다 뜸 들이기)	커피가루를 적시고 남은 물이 곧바로 드립서버로 떨어진다.	커피성분이 충분히 추출되지 않아 밋밋한 맛의 약한 커피가 만들어진다.	과소추출
적은 물 주입량 (과소 뜸 들이기)	커피가루를 충분히 적시지 못해 원활한 추출이 이루어지지 않는다.	추출시간이 지나치게 길어져 쓰고 떫은맛 등 불필요한 맛까지 추출될 수 있다.	과다추출

⑤ 핸드드립 추출

뜸 들이기가 완료되면 곧바로 본격적인 추출과정에 들어간다. 추출은 일반적으로 3~4

차에 걸쳐 추출한다. 1차 추출은 탄산가스에 의해 부풀었던 커피가루 표면이 평평하게 되는 시점에서 시작한다. 물을 주입할 때는 중앙에서 시작하여 시계방향으로 천천히 원을 그리며 밖을 향하고 다시 중앙 쪽으로 돌아와 마무리한다. 드립포트의 배출구는 커피가루 표면에서 약 3~5cm 높이를 유지하는 것이 좋다. 드립포트의 배출구 위치가 너무 높으면 물의 낙하속도가 빨라져 커피가루 사이를 통과하는 거리가 짧아져 커피성분을 충분하게 추출하지 못한다. 1차 추출에서 대부분의 진한 커피성분이 추출된다. 1차 추출이 끝나고 커피가루 표면이 다시 평평해지면 2차 추출을 계속 진행하는데 1차 추출보다는 드립속도를 조금 빠르게 한다. 3~4차 추출도 같은 방법으로 진행한다. 이때 물줄기는 1~2차 추출보다도 약간 굵고 빠르게 드립하고 추출하고자 하는 용량에 도달하면 거품이 가라앉기 전에 드리퍼를 분리한다.

표 6-6 핸드드립 나선형 추출과정

구분	뜸 들이기	1차 추출	2차 추출	3차 추출
추출방법	중앙에서 바깥쪽으로 나선형의 원을 그리며 시작하여 다시 중앙으로 물을 주입			
	1~3회	6회 → 3회	6회 → 3회	6회 → 3회
추출속도	세심하게 천천히	천천히	1차보다 빠르게	2차보다 빠르게
물줄기 굵기	가늘게	가늘게	1차보다 굵게	2차보다 굵게
추출량	1~2방울 떨어질 정도	전체 추출량의 30%	전체 추출량의 40%	전체 추출량의 30%

⑥ 핸드드립 추출방법

나선형 드립 추출

핸드드립에서 가장 일반적으로 사용하는 방법으로 중앙에서 바깥쪽으로 나선형의 원을 그리며 시작하여 다시 중앙으로 물을 주입하는 방법이다.

동전식 드립 추출 중앙에서 시작하여 동전 모양을 유지하면서 시계방향으로 물을 주입하는 방법이다.	
점식 드립 추출 커피가루 전체 또는 중앙에서 시작하여 시계방향으로 점을 찍듯 물을 주입하는 방법이다.	

[그림 6-10] **핸드드립 추출방법**

3) 드리퍼에 따른 핸드드립

① 멜리타(Melitta) 추출

멜리타 드리퍼는 현재 출시되어 사용되고 있는 모든 드리퍼의 원형으로서 1908년 독일의 가정주부인 멜리타 벤츠(Melitta Bentz)에 의해 고안된 추출방식이다. 멜리타 드리퍼는 경사각이 가파르고 중앙에 추출구가 1개로 드리퍼 내부의 물 빠짐 속도가 느린 것이 특징이다. 커피의 깊고 진한 향미까지 추출할 수 있는 것이 장점이나 추출시간이 길어져 과다추출될 가능성도 있기 때문에 적정한 추출시간과 양을 조절할 수 있어야 한다. 드리퍼 크기에 따라 리브 길이의 차이가 있다. 1~2인용은 드리퍼 전체에 리브가 있지만, 3~4인용은 리브가 절반 정도만 있다. 한편 멜리타 아로마 드리퍼(Melitta aroma dripper)는 멜리타 드리퍼와 구조가 비슷하나 추출구가 바닥면에서 약 1cm 정도 올라가 있기 때문에 바닥면에서 추출구까지 일정량의 커피가 항상 머물게 되는 특징이 있다. 이는 추출 후반부에 발생하는 쓰고 떫은맛의 커피가 드립서버로 흘러가는 것을 어느 정도 막아주는 역할을 한다. 아로마 필터는 미세한 구멍이 일정하게 뚫려 있어 커피의 수용성 및 지용성 성분이 추출되어 보다 나은 향미의 커피를 즐길 수 있다.

추출방법

① 뜸 들이기

드리퍼에 커피가 적셔질 만큼의 물을 붓고(드립서버에 물이 흘러나오지 않을 정도) 20~30초 정도 기다린다. 커피가 잘 추출되도록 하기 위함이다. 신선한 커피는 이때 가스를 배출하여 초콜릿 머핀처럼 부풀어 오른다.

② 드립 추출

부풀어 오른 커피 위에 1차 추출을 시작한다. 중앙에서 시작하여 시계방향으로 천천히 원을 그리며 밖을 향하고 다시 중앙으로 돌아와 마무리한다. 커피 층의 높낮이를 생각하며 물의 양을 조절한다. 표면에 발생한 거품이 완전히 가라앉기 전에 이렇게 물 붓기를 3~4회 반복한다. 3분 안에 추출을 마쳐야 커피 맛이 좋다. 용량에 맞게 추출되면 거품이 가라앉기 전에 드리퍼를 분리한다.

③ 추출 완료

드립서버에 물을 부어 취향에 맞게 농도를 조절하여 커피를 즐긴다. 추출기구와 용품들은 다음을 위해 깨끗하게 정리한다.

② 칼리타(Kalita) 추출

칼리타 드리퍼는 일본에 전파되어 다양한 형태로 고안하고 발전시킨 드리퍼 중의 하나이다. 멜리타와 형태가 비슷하나 추출구가 3개로 물 빠짐이 용이하고 리브 사이가 촘촘하다. 칼리타 추출은 반침지법으로 커피가루가 물에 잠기기 전에 추출이 함께 일어나는 방식이다. 이러한 칼리타 드리퍼의 장점은 과소 또는 과다추출의 위험을 줄일 수 있고 커피의 맛과 향의 변화 폭이 적고 안정적이며 산뜻한 맛의 커피가 추출되어 초보자들도 쉽게 사용할 수 있는 것이다.

추출방법

멜리타 추출방법과 동일한 방법으로 진행한다.

---

③ 코노(Kono) 추출

코노 드리퍼는 하리오 드리퍼와 비슷한 원추형 모양으로 추출구는 1개이며 하리오에 비해 크기가 작다. 리브는 바닥에서 드리퍼의 중간까지만 있어 짧고 수가 적다. 리브가 있는 중간 부분부터 추출이 일어나기 때문에 추출시간이 하리오보다 길며 깊고 진한 맛과 바디감이 있는 커피를 추출할 수 있다.

추출방법

멜리타나 칼리타 추출방법과 동일하나 물 주입은 동전 크기 정도의 넓이로 진행한다.

---

④ 하리오(Hario) 추출

하리오 드리퍼는 리브가 높고 조밀하며 추출구가 1개이고 코노보다 크기가 크다. 리브가 나선형으로 공기의 흐름과 커피의 추출속도가 빨라 추출속도만 조절하면 정교한 기술이 없어도 쉽게 커피를 추출할 수 있는 것이 장점이다. 추출구가 크기 때문에 바디감은 코노보다 약간 떨어지지만 추출속도를 잘 조절하면 융에 가까운 커피 맛을 낼 수 있다.

추출방법

코노 추출방법과 동일한 방법으로 진행한다.

⑤ 융(Flannel) 추출

융은 종이필터 대신 플란넬이라는 천을 이용하여 만든 드리퍼로 코노나 하리오 드리퍼와 같은 원추형의 모양을 띤다. 융의 한 면은 기모(털)가 있고 다른 한 면은 촉감이 부드러운 천으로 이루어져 있다. 융은 종이필터처럼 일회용이 아니므로 보관과 사용이 어려운 단점은 있지만 융드립의 강렬한 매력에 심취한 애호가들이 점점 늘어나고 있는 추세이다. 추출할 때는 기모가 있는 부분을 바깥쪽으로 향하게 하고 부드러운 부분에 커피가루를 넣어 추출한다. 추출구가 따로 있지 않아 융 전체에서 커피가 추출된다. 융 추출은 종이필터와는 달리 천으로 된 융의 특성으로 인해 원두에 함유되어 있는 오일성분이 그대로 추출됨으로써 중후한 바디감과 부드러운 깊은 맛과 향을 지닌 커피를 느낄 수 있는 것이 특징이다.

융 관리방법

사용이 끝난 융은 흐르는 물에 잘 씻은 후 융의 끝과 손잡이를 잡고 짜준다. 그런 다음 마른행주 위에 융을 올려놓고 꼭꼭 눌러 물기를 제거하고 물에 잠기게 하여 냉장고에 보관한다. 주의할 점은 햇볕에 말리거나 주방세제 등을 사용하여 세탁해서는 안 된다는 것이다. 또한 수돗물보다는 정수된 물을 사용해야 한다.

추출방법

① 커피 준비
필요한 양의 분쇄원두(1인분 기준 10g)를 넣고 가볍게 흔들어 표면을 고른다.

② 뜸 들이기
물줄기의 굵기를 일정하게 유지하고 중심에서 밖으로 원을 그리며 물을 주입한다. 융에는 물을 직접 붓지 않아야 한다. 약 25초 동안 뜸 들이기를 진행한다. 뜸을 들이면 잘 부풀어 오르고 커피가루 층이 페이퍼드립보다 두꺼워져 커피 맛을 풍부하게 한다.

③ 드립 추출
뜸 들이기가 완료되면 1차 추출을 위한 물을 주입한다. 가는 물줄기로 드립포트와 커피의 간격을 가까이 하여 물을 붓는다. 중앙에서 시작하여 밖을 향하고 다시 중앙으로 돌아온다. 경우에 따라 천천히 물방울을 떨어뜨려 추출하기도 한다. 2차 추출은 물줄기를 조금 굵게 하여 붓는다. 거품 상태로 물의 온도와 커피의 상태를 가늠할 수 있다. 즉 온도가 높으면 거품이 많이 일어나고 원두가 신선하면 가스배출이 왕성하다.

④ 추출 완료
3~4차 추출은 중심 부분이 주위보다 오목하게 들어가면 시작한다. 물 주입속도는 조금 빠르게 하여 예정된 추출량이 추출되면 융 필터를 드립서버로부터 분리한다. 추출횟수가 늘어나면 추출 시간이 길어져 커피 추출액이 진하게 되며 추출횟수를 적게 하면 커피 추출액이 엷게 되고 맛이 산뜻한 커피가 추출된다.

(6) 다양한 추출기구를 이용한 커피 추출

1) 터키식 커피(Turkish coffee)

세계에서 가장 오래된 커피 추출법인 터키식 커피는 이브릭(ibrik) 또는 체즈베(cezve) 라는 터키식 포트를 이용하여 미세하게 분쇄된 커피가루를 물과 함께 넣은 다음 가열하여 반복적으로 끓여 내는 방법이다. 이 방법으로 추출된 커피는 커피가루를 거르지 않고 마 시므로 강한 바디감과 깊은 맛을 느낄 수 있으나 커피가루가 섞여 있어 뒷맛이 텁텁할 수 있다. 그러므로 터키식 커피는 원두를 에스프레소 커피보다 더 곱게 분쇄하여 사용해야 한다. 터키에서는 커피를 마시고 난 뒤에 커피잔을 받침 위에 엎어놓고 남은 커피가루의 모양을 보고 점을 치는 풍습이 오늘날까지도 이어지고 있다. 터키식 커피 추출기구는 원 래 체즈베로서 손잡이가 경사지고 밑이 넓고 위가 좁게 생겼으며 주둥이와 뚜껑이 없다. 이브릭은 두툼하고 넓은 밑 부분과 몸통 중간보다 약간 높은 곳에 위치한 주둥이, 뚜껑 그 리고 경사진 손잡이로 구성되어 있다.

체즈베와 이브릭 포트를 이용한 터키식 커피 추출방법

① 원두를 에스프레소 커피보다 더 가늘게 분쇄한다.
② 1인분 기준으로 5g 정도 분쇄한 커피를 포트 안에 넣는다.
③ 찬물을 1인분 기준으로 80ml 정도 포트 안에 붓고 스틱으로 잘 저어준다.
④ 중간 세기의 불 위에 추출기구를 올린다.
⑤ 거품과 함께 커피가 끓어오르면 넘치기 전에 포트를 불에서 들어준 후 스틱으로 저어 거품을 가라앉히고 다시 불 위에 올려놓고 가열한다.
⑥ 이러한 동작을 2~3회 더 반복한 후 작은 잔에 커피를 따른다.

2) 프렌치프레스(French press)

현재 사용되고 있는 프렌치프레스의 기본 원형은 프랑스에서 최초로 만들어졌다. 1929년 아틸리오 칼리마니(Attilio Calimani)라는 이탈리아인이 만들어 특허를 낸 것으로 알려진 프렌치프레스는 1950년대 프랑스 보덤(Bodum)사가 상품화에 성공하면서 흔히 보덤으로 불린다. 멜리오르(Melior), 플런저 포트(plunger pot), 프레스 포트(press pot), 티 메이커(tea-maker), 카페티에르(cafetiere)도 같은 용어이다. 이 방식은 유리용기에 분쇄한 원두를 넣고 뜨거운 물을 부어 휘저은 후 커피성분이 우러나오면 피스톤식의 금속성 필터로 눌러 압력을 이용한 수동식 커피 추출방법이다. 우려내기와 가압추출이 혼용된 방식으로 값이 저렴하고 사용법이 간단해 널리 쓰이는 제품 중의 하나이지만, 커피성분이 충분히 우러나지 않는 것과 추출된 커피는 탄 맛이 나고 찌꺼기가 포함될 수도 있는 단점이 있다. 이 커피 추출방법은 보편적으로 많이 사용되고 있지 않지만, 최근에는 가정에서 우유를 휘핑하거나 차를 우려내는 데 사용하기도 한다. 그리고 간단하면서도 별도의 소모품이 없이 뜨거운 물과 커피만 있으면 되며 커피 추출시간을 원하는 대로 조절이 가능하여 쉽게 커피 맛을 조절할 수 있다.

추출방법

① 원두 1인분 기준 10g을 드립용보다 굵게 분쇄한 후 용기에 넣는다.
② 끓는 물을 주전자에 옮겨 물의 온도를 90~95℃로 유지한다. 유리용기 안에 적당량의 물을 넣는다. 티스푼(또는 나무스틱)을 이용하여 골고루 저어준다. 커피가 뜨는 이유는 입자 사이에 가스가 있기 때문이다.
③ 물을 약 200ml가 되도록 부은 후 원두입자가 표면으로 뜨면 골고루 저어준다. 이는 커피성분을 제대로 우려내기 위함이다.
④ 뚜껑을 잡고 피스톤으로 눌러서 중간에 위치시켜 원두입자가 물에 골고루 잘 녹을 수 있도록 한다.
⑤ 1분~1분 30초 정도 유지하고 펌핑은 하지 않도록 한다.
⑥ 커피 찌꺼기가 가라앉도록 20~30초 정도 둔 후 과다추출이 되지 않도록 꼭 눌러 뚜껑을 잡고 잔에 약 150ml 정도 따른다. 추출된 커피가 남았을 경우 더 이상 과다추출이 되지 않도록 다른 용기에 옮겨 담는다.

3) 사이펀(Siphon)

사이펀 방식은 진공흡입과 증기압의 차이를 이용하여 추출하는 진공여과방식으로 1840년 스코틀랜드의 조선 기술자인 로버트 나피어(Robert Napier)에 의해 발명되었다. 사이펀은 일본의 코노(Kono)사가 상품화하면서 널리 알려졌지만 원래 이름은 진공커피메이커(vacuum coffee maker)이다. 사이펀의 구조는 맨 윗부분 커피가루가 담겨져 있는 부분의 로드, 물이 담겨져 있는 부분의 둥근 플라스크, 로드와 둥근 플라스크를 지탱하는 스탠드, 스프링이 연결된 필터로 이루어져 있다. 맨 밑 부분은 메틸알코올을 연료로 하는 알코올램프가 들어간다. 사이펀은 시각적인 연출효과가 있어 커피 추출방법 중에서 가장 화려한 추출방식이다. 특히 화려한 모습의 밸런스 사이펀(valance siphon)은 인테리어 소품으로도 인기가 높다. 사이펀의 추출방식은 플라스크에 알코올램프로 가열하면 물이 끓기 시작하면서 압력에 의해 물이 로드의 관을 타고 올라가 커피가루와 섞이게 되고 잠시 후 가열을 중단하면 커피 추출물이 필터를 통과하여 플라스크에 다시 내려오게 되어 추출된다.

추출방법

① 하단 플라스크 외부에 물기가 없도록 닦아준 후 찬물 또는 끓인 물을 하단 플라스크에 넣는다.
② 필터를 상단 로드에 넣고 스프링을 로드의 관 밑으로 잡아 당겨서 고리를 걸어 고정시킨다.
③ 1인분 기준 9g의 분쇄된 원두를 상단 로드에 넣는다.
④ 상단 로드를 하단 플라스크에 살짝 기울여 올려놓은 후 알코올램프에 불을 붙인다. 물 기포가 올라오기 시작하면 상단 로드를 똑바로 세워 눌러 하단 플라스크와 결합한다.
⑤ 플라스크의 40%의 물이 증기압에 의해 로드 위로 올라가면 전체적으로 고루 섞이도록 나무 스틱으로 부드럽게 저어준다.
⑥ 약 1분 전후(1인용 1분 20초, 2~3인용 1분 전후, 4~5인용 40초 전후)에서 다시 한 번 커피 가루와 물을 저어준 후 알코올램프를 빼주거나 불을 끈다.
⑦ 알코올램프의 불을 끄면 로드의 커피가 필터를 통과하여 하단 플라스크에 흘러 내려오면 추출이 완료된다.
⑧ 추출이 끝나면 스탠드를 잡고 상단 로드를 밑으로 내리면서 좌우로 움직여 분리하고 로드를 사이펀 거치대에 세운다.

4) 모카포트(Moka pot)

1933년 이탈리아의 알폰소 비알레티(Alfonso Bialetti)가 최초로 고안하여 특허를 낸 Stove-top coffee maker인 모카포트는 수증기의 압력(대기압에서 2~3기압)에 의해 뜨거운 물이 빠르게 커피를 통과하여 커피성분이 추출되는 방식이다. 모카포트의 재질은 알루미늄으로 크게 세 부분으로 나뉘는데 상단에는 추출된 커피가 담기는 통(collecting chamber), 하단에는 추출할 물을 담는 통(bottom chamber) 그리고 그 중간에는 분쇄한 커피가루를 담는 깔때기 모양의 필터 바스켓(basket)으로 이루어져 있다. 모카포트는 에스프레소 머신으로 추출할 때 생기는 크레마(crema)를 유사하게 만들어 낼 수 있고 핸드드립 추출보다 더 강한 맛과 향을 표현할 수 있어 일반 가정에서도 쉽게 즐길 수 있는 가정용 에스프레소 추출기구이다. 모카포트를 잘 관리하려면 우선 처음 구입 후 바로 사용하기보다는 오래된 커피가루 등을 이용해 불순물을 제거한 뒤 사용하는 것이 좋으며 세척할 경우에는 물로 세척하고 주방세제나 철수세미 등을 사용하면 부식방지를 위한 보호 피막이 손상될 수 있으므로 사용하지 않는 것이 좋다.

추출방법

① 하단 통에 물을 채울 때 물 높이는 압력밸브보다 낮은 곳에 표시되어 있는 안쪽의 눈금을 넘지 않도록 한다.

② 필터 바스켓에 커피를 가득 채우고 계량스푼으로 조심스럽게 평평하게 누른다.

③ 하단 통에 바스켓을 올려놓고 에스프레소가 추출되는 상단 통을 양손을 이용하여 나사식으로 돌려 조립한다.

④ 가스레인지에 안전하게 올려놓고 강한 불로 한 번에 끓인다. 에스프레소 머신은 9기압으로 추출되고 모카포트는 2~3기압에서 추출한다.

⑤ 상단 통의 뚜껑을 열어 확인할 때 뜨거운 커피가 튀어 오를 수 있으니 주의해야 한다. 최초로 올라오는 커피는 진해서 밑으로 내려앉기 때문에 나중에 올라오는 커피와 섞어주어야 한다.

5) 더치커피(Dutch coffee)

더치커피는 실온에서 약 12시간 정도 차가운 물을 한 방울씩 떨어뜨리면서 우려내는 커피로서 cold brew 또는 cold water drip이라고도 한다. 더치커피의 유래는 네덜란드령 인도네시아에서 재배된 커피를 네덜란드로 운반하던 선원들이 장기간 항해 기간 동안에 커피를 마시기 위해 커피가 변질되지 않고 상온에서 보관이 용이한 찬물로 커피를 내린 결과 쓴맛이 적고 부드러울 뿐만 아니라 시간이 지날수록 숙성되어 독특한 향미를 지닌 커피를 만들 수 있게 되었다고 한다. 더치커피는 일반적인 커피 추출방법과는 달리 찬물로 장시간 추출하는 것과 추출된 커피에 함유된 카페인이 거의 없고 장시간 보관하면서 마실 수 있다는 것이 특징이다. 또한 더치커피는 통에 담긴 물이 한 방울씩 천천히 커피가루 위로 떨어지면서 추출되는 모습을 연상하여 '커피의 눈물'이라고도 하며 와인처럼 시간이 지날수록 숙성되어 독특한 맛과 향을 내고 보관과 저장이 가능하여 '커피의 와인'으로 불리기도 한다.

추출방법

① 물과 커피의 비율은 10 : 1 정도로 하고 원두의 분쇄는 핸드드립보다 약간 곱게 분쇄한다.
② 분쇄한 커피를 가운데 용기에 담고 커피가루 표면을 가볍게 눌러 골고루 평평하게 다져준다.
③ 상단의 물을 담은 용기, 중간의 커피를 담은 용기, 하단에는 커피 추출액을 받을 용기를 놓고 조립한다.
④ 물이 2~3초에 한 방울씩 떨어지도록 조절밸브를 조절하여 약 12시간 정도 추출을 시작한다.
⑤ 추출이 끝난 더치커피를 용기에 담아 냉장고에 넣고 하루 정도 숙성시킨다.

2. 에스프레소(Espresso)

(1) 에스프레소의 정의

에스프레소는 커피를 추출하는 방식으로 이탈리아인들은 데미타세(demitasse)라는 잔에 담아 원두커피의 진한 맛과 향을 느끼면서 즐기는 커피이며, 아주 짧은 시간에 가늘게 분쇄되어 압축된 커피가루가 물과 접촉되어 커피의 좋은 성분만 추출한 커피 원액으로서 영어로 'express(빠르다)'의 의미에서 유래된 용어이다. 에스프레소 커피의 다양한 향과 진한 맛은 커피의 '심장'이라고 할 수 있을 것이다.

모든 커피의 기본인 질 좋은 에스프레소를 추출하기 위해 품질 좋은 원두, 커피머신, 커피 그라인더, 좋은 물, 그리고 바리스타의 실력이 충족되어야 한다. 에스프레소 커피는 빠른 시간에 추출된 커피 농축액으로 에스프레소 잔을 따뜻하게 해야 하고 빠른 시간에 서비스가 이루어져야 에스프레소의 맛과 향을 즐길 수 있다. 에스프레소의 최고의 맛을 내기 위해서는 생두의 결실과정과 가공과정이 중요하며 블렌딩과 로스팅이 맛과 향을 좌우하게 된다.

에스프레소를 추출하기 위한 기준은 바리스타마다 차이는 있지만 커피 투입량은 7.0g(±0.5g), 추출되는 물의 압력은 9bar(약 8~10bar), 추출시간은 20~30초(약 25초), 추출량은 30ml(25~30ml), 추출온도는 92℃(약 90~95℃)의 범위 내에서 추출하면 최상의 에스프레소를 추출할 수 있다. 완벽한 에스프레소의 조건은 커피 품질, 로스팅(roasting), 블렌딩(blending), 커피 사용량, 커피 분쇄도(grinding) 등이며, 기계적인 요소는 압력, 물의 온도, 추출시간, 추출량이고 기타 물의 수질이나 바리스타의 숙련도 등이 영향을 미칠 수 있다.

(2) 에스프레소의 성분

커피의 크레마(crema)를 만드는 성분은 볶은 커피로부터 나오는 카페올(caffeol)이라는 오일이다. 카페올(caffeol)은 200℃ 이상에서 열분해가 시작되어 짙은 갈색으로 변하면서 볶은 커피로부터 오일이 생기므로 보통 200℃ 이상으로 생두를 로스팅하게 된다. 카페올은 1880년 베른하이머(Bernheimer)에 의해 사용된 용어로서 카페올의 함량에 따라 커피의 풍미가 결정된다. 보통 로스팅된 아라비카 원두에는 17%, 로부스타 원두에는 11%의 카페올이 들어 있으며, 에스프레소 추출 시 크레마가 되는 것이다. 카페올은 카페스톨

(cafestol)과 카와엘(kahweol) 성분으로 구성되어 있으며 알코올로 인한 간 독성을 예방할 수 있다는 사실이 밝혀졌는데, 커피를 세 잔 이상 마시는 사람이 그렇지 않은 사람보다 간 효소수치가 현저히 낮다는 것으로 알려져 있다. 특히 알코올 과용자일수록 이러한 효과는 현저하게 나타났다. 이 사실에 기초해서 커피를 마시면 알코올에 의한 간경화를 예방할 수 있다는 사실이 밝혀진 것이다.

에스프레소는 수용성과 지용성으로 이루어진다. 크레마(crema)는 커피의 지용성 성분을 추출하는 것으로 이는 볶은 지 2주 이내인 신선한 커피를 즉시 분쇄하고 빠르게 탬핑하여 머신으로 추출할 때 만들어진다. 신선한 커피가 분쇄될 때 발생하는 탄산가스와 커피 자체가 가진 기름성분이 머신의 증기압으로 추출할 때 뒤섞이며 밀려나오게 되는 것이다. 크레마가 전혀 보이지 않는다면 의심해야 할 부분이 많지만, 그중에서도 커피의 신선도 상태를 특히 고려해 보아야 한다.

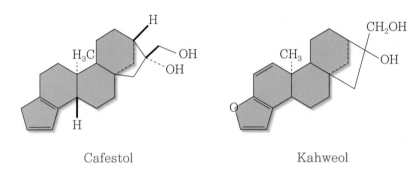

Cafestol　　　　　　　　　　　Kahweol

[그림 6-11] **카페스톨과 카와웰의 분자구조**

(3) 에스프레소 머신

에스프레소 머신(espresso machine)은 1900년대 초 이탈리아 밀라노의 기계제조회사의 오너인 루이지 베제라(Luigi Bezzera)가 처음 개발하였다. 루이지 베제라는 커피 타임을 줄여서 기계 생산을 늘리기 위한 수단으로 증기압을 이용하여 빠르게 추출한 에스프레소 머신의 시초라고 할 수 있는 'Tipo Gigante'라는 커피머신을 개발하였다. 이 커피머신은 추출수의 온도와 스팀의 압력을 이용하여 커피의 추출시간을 단축하고 커피의 모든 성분이 추출되는 것이 가능하도록 하였지만 높은 물의 온도로 인해 커피에서 쓴맛과 탄 맛이 나는 단점을 가지고 있었다.

1905년 데지데리오 파보니(Desiderio Pavoni)는 루이지 베제라로에게서 기계 특허권을 인수하여 쓴맛과 탄 맛이 나는 원인을 알아냈다. 1938년에는 다양한 실험을 통하여 오늘날과 같은 양질의 에스프레소를 얻기 위한 요소로 물의 온도와 추출 압력이 각각 88~96℃, 7~10bar일 때 가장 좋은 커피가 추출된다는 기준을 얻었다. 또한 크레모네시(Cremonesi)는 스팀압을 사용하지 않고 피스톤 펌프 방식을 고안하여 쓴맛과 탄 맛을 없게 하였다.

쥐세페 밤비(Giuseppe Bambi)는 수직형 보일러에서 벗어나 수평형 보일러를 개발하여 특허 출원하였으며, 아킬레 가찌아(Achille Gaggia)는 최초로 상업적인 워터펌프 피스톤 방식의 커피머신을 제조하였고, 커피 추출 시 커피 윗면에 황갈색의 호피무늬 거품이 생성되는 것을 발견하고 이것을 에스프레소 커피의 상징인 크레마라고 하였으며 현재 사용되고 있는 커피머신의 모체가 되었다.

오늘날의 커피머신은 에스프레소 추출에 있어 크레마와 향이 빨리 사라지는 것을 막기 위해 훼마(Faema)의 달라코르테(Dalla Corte) 외 2인이 수압을 이용한 머신을 개발하여 기존의 머신의 결점을 보완하고 현대 사회의 커피 애호가들을 충족시킬만한 에스프레소를 제공하고 있다.

1) 에스프레소 머신의 구분

에스프레소 머신은 원두를 분쇄하여 포터필터 안에서 높은 압력으로 온수를 통과시켜 최적의 조건을 갖춘 커피를 추출해 내는 역할을 한다. 에스프레소 머신의 종류는 수동식 에스프레소 머신, 반자동식 에스프레소 머신, 전자동식 에스프레소 머신으로 구분한다.

① 수동식 에스프레소 머신

바리스타에 의해 모든 동작이 이루어지며 레버의 지렛대를 이용한 피스톤 방식 기계로서 많은 힘을 들이지 않고도 지렛대의 원리를 이용하여 적당한 압력을 주어 커피를 추출할 수 있다는 장점을 가지고 있지만 스피드를 동반해야 하는 매장에서는 빠른 대응이 어렵고 일정한 커피 맛을 내기 어려운 단점이 있었다.

[그림 6-12] **수동식 에스프레소 머신**

② 반자동식 에스프레소 머신

따로 분리된 그라인더로 분쇄하여 입자를 조절하고 프로그램화되어 있는 디지털 방식의 커피머신으로 포터필터에 커피가루를 탬핑하고 버튼 조작으로 커피를 추출하는 것으로 커피전문점에서 바리스타들이 선호하는 머신 중 하나이다. 반자동식은 커피 바리스타의 능력에 따라 커피의 맛이 좌우되며 다양한 에스프레소 메뉴를 만들기에 편리하다.

[그림 6-13] **반자동식 에스프레소 머신**

③ 전자동식 에스프레소 머신

그라인더가 내부에 장착되어 있어서 분쇄와 추출이 간단한 버튼 동작으로 동시에 이루어지도록 하는 커피머신이다. 자동 머신은 추출하는 사람에 따라 맛의 변화가 없고 일정한 맛을 낼 수 있다는 장점이 있지만 다양한 맛을 볼 수 없다는 단점이 있다.

[그림 6-14] **전자동식 에스프레소 머신**

2) 에스프레소 머신의 구조와 명칭

에스프레소 머신 중에서 바리스타의 역할이 가장 큰 반자동식 머신을 기준으로 머신의 구조를 알아보면 에스프레소 머신은 바리스타가 원하는 한잔의 에스프레소를 손쉽게 얻을 수 있는 장치이지만 기본적인 작동원리나 구성요소는 크게 다르지 않고 제조회사별로 구조가 조금씩 다를 뿐이다. 현재는 새로운 기술의 발달로 첨단제품들이 계속 출시되고 있어 머신에 대한 계속적인 정보를 수집하고 관심을 가져야 한다.

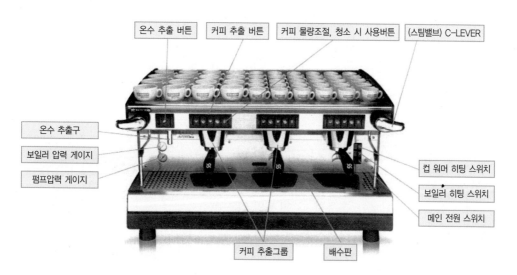

온수 추출 버튼　커피 추출 버튼　커피 물량조절, 청소 시 사용버튼　(스팀밸브) C-LEVER

온수 추출구

보일러 압력 게이지

펌프압력 게이지

컵 워머 히팅 스위치

보일러 히팅 스위치

메인 전원 스위치

커피 추출그룹　배수판

[그림 6-15] 에스프레소 머신 구조와 명칭

① 메인 스위치(Main switch)

기계에 전원을 공급해주는 스위치이다. 전원을 공
급해주는 스위치는 기계마다 조금씩 차이가 있을 수
있다.

[그림 6-16] 메인 스위치

② 보일러 압력계
(Boiler pressure manometer)

스팀온수 보일러의 압력을 표시하는 게이지로서 보
통 0~3단계의 숫자로 나타나 있다. 머신이 정상적으
로 작동이 되면 지침이 1~1.5 사이에 있다. 이때 지
침이 적색 범위에 오면 압력이 높으므로 점검을 즉시
받아야 한다.

[그림 6-17] 보일러 압력계

③ 스팀압력 조절기(Steam Pressure Controller)

보일러의 물을 끓여 원하는 압력으로 커피를 추출하기 위해서는 일정 압력을 유지시켜 주는 기능이 필요한데 이 기능을 담당하는 것이 스팀압력 조절기로 보일러에서 발생한 압력이 파이프를 통하여 스팀압력 조절기에 전달되면 적정 압력을 유지하는 역할을 한다.

④ 펌프 압력계(Water pressure manometer)

펌프는 보일러에 물을 공급시켜주고, 커피 추출에 필요한 일정한 압력을 지속적으로 유지하는 역할을 하며 펌프 압력계는 커피를 추출할 때 펌프의 압력을 나타내는 압력 게이지이다. 커피가 추출될 때 압력을 나타내므로 정상적인 상태가 유지되도록 항상 확인 하여 압력의 변화를 체크해야 한다. 펌프 게이지는 0 ~15의 숫자로 표시되어 있고 커피 추출 시 압력의 눈금이 녹색 범위 내에 있어야 한다. 바리스타는 바

[그림 6-18] **펌프 압력계**

늘의 지침이 적색 범위에 있지 않은지를 확인하면서 압력을 조절하여 머신을 사용해야 하며 기계의 작동 시 표시되는 수치를 확인하고 기계의 현재 상태의 펌프 압력이 정상 상태인 것을 확인해야 한다. 보일러의 압력에 이상이 발생했을 때 해당 기계 엔지니어에게 즉시 연락하여 수리해야 한다.

⑤ 배수 트레이(Drip tray)

머신에서 떨어지는 물을 흘려보내는 배수 받침대로서 기계에서 나오는 모든 물들이 흘러가는 곳이다. 머신을 사용할 때 물이 흘러가는 곳에 커피 찌꺼기가 쌓이면 배수구의 청결에 문제가 발생하므로 항상 물을 부어 찌꺼기가 쌓여 막히지 않도록 청결을 유지하고 깨끗이 청소해야 한다.

[그림 6-19] **배수 트레이**

⑥ 배수 트레이 받침대(Drip tray grill)

커피 추출 시 컵을 올려놓는 컵 받침대이다. 영업 중에 배수 트레이 받침대에 이물질이 많이 있으면 잔에 묻은 이물질이 잔 받침대에 자국으로 그대로 남아 지저분하게 보이므로 자주 행주로 닦아주고 영업 마감 시에는 배수 트레이 받침대를 분리하여 물로 깨끗이 세척한 후 마른행주로 잘 닦아 놓는다.

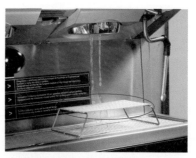

[그림 6-20] 배수 트레이 받침대

⑦ 온수 추출구(Hot water dispenser)

뜨거운 물을 추출하는 추출구이다. 보일러에서 직접 물이 나오는 곳이므로 가끔 보일러에 고여 있는 이물질이 모여 있을 수 있으므로 바리스타가 잘 관찰해야 한다.

[그림 6-21] 온수 추출구

⑧ 온수 추출 버튼
(Hot water dispensing buttons)

뜨거운 물을 추출하는 버튼으로 잔을 예열할 때나 에스프레소를 희석하여 아메리카노를 만들 때 사용된다. 기계에 따라 양이 지정되어 있는 버튼이 있고 바리스타가 물 양을 조절하는 버튼이 있다.

[그림 6-22] 온수 추출 버튼

⑨ 스팀노즐(Steam nozzle)

머신에서 스팀을 작동시켰을 때 스팀이 나오는 부분으로 우유를 데울 때 사용하는 부분으로 스팀의 세기는 보일러의 스팀압력과 비례하므로 압력은 게이지를 통해 확인할 수 있다. 그리고 스팀을 이용하여 우유를 데우고 부드러운 거품을 만들 때 사용하므로 항상 청결을 유지할 수 있도록 사용법을 익혀야 하고

[그림 6-23] 스팀노즐

노즐은 매우 뜨거우므로 조심해야 한다.

스팀노즐은 구멍이 3~5개 있는 것이 보통이며 우유 양에 따라 노즐 구멍을 선택하면 된다. 3개의 구멍은 600ml의 피처를 사용하고 4개의 구멍에는 900~1,200ml 피처를 사용하는 것이 편리하다. 주의할 점은 스팀 사용 후 스팀밸브를 열어 잔수를 빼주어야 노즐 안쪽에 남아있는 우유가 제거된다. 응축수 제거 시 깨끗한 행주를 이용하여 주위가 지저분해지지 않도록 하고 스팀밸브를 열어 노즐의 청소를 마친 후에는 노즐 겉면에 묻어 있는 우유를 행주로 깨끗이 닦아준다.

⑩ 스팀밸브(Steam valve)

스팀 사용시 스팀을 열어주는 밸브이다. 손잡이를 시계반대방향으로 돌리면 스팀이 나오고 시계방향으로 돌리면 잠긴다. 스팀밸브는 기계에 따라 조금씩 차이가 있으므로 바리스타가 사용하는 스팀의 사용 간격을 확인하고 사용 범위를 잘 숙지하도록 한다.

[그림 6-24] 스팀밸브(레버)

⑪ 커피 추출 버튼 (Coffee control buttons)

대략 소량, 대량, 연속 추출 버튼으로 구성되어 있는데 모두 다섯 가지의 추출 버튼이 있음을 확인할 수 있다. 한잔의 적은 양, 한잔의 많은 양, 두 잔의 적은 양, 두 잔의 많은 양 그리고 연속 추출 버튼은 수동으로 추출을 조절한다.

[그림 6-25] 커피 추출 버튼

⑫ 컵 워머(Cup warmer)

컵을 항상 따뜻하게 유지하는 곳이다.

[그림 6-26] 컵 워머

⑬ 그룹헤드(Group head)

그룹헤드는 커피머신의 핵심부분 중 하나이다. 그룹의 숫자에 따라 1그룹, 2그룹, 3그룹 등으로 구분되고, 포터필터를 결합시키는 부분으로 각 회사의 구조설계에 따른 유속에 따라 커피에 미치는 영향이 달라질 수 있고 각 제조회사마다 그룹헤드의 종류가 다르므로 예열방법이나 기계의 특성이 다를 수 있어 처음 사용 시에는 기계의 특성을 미리 파악하여 사용하는 것이 필요하다. 그리고 그룹헤드는 헤드필터가 결합되어 분쇄된 커피가 직접 접촉되는 부분으로서 최종적으로 커피가 추출되므로 커피 찌꺼기가 들러붙지 않도록 항상 청결 상태를 유지와 관리를 소홀히 하지 않아야 한다.

[그림 6-27] **그룹헤드**

그룹 형태는 3가지 형식이 있으며 독립 보일러 방식은 그룹과 보일러가 같이 붙어 있고 물이 데워지면서 그룹도 같이 예열된다. 그룹으로 빨리 열이 전달되는 장점이 있다. 강제 예열방식은 그룹을 히터에 의해 강제로 가열시키는 방법으로 예열시간이 빠르고 온도가 높아 그룹의 패킹이 빨리 경화되는 단점이 있으므로 교환을 하여 최상의 조건을 유지해야 한다. 일반 방식은 많이 사용되는 방식으로 보일러가 데워진 후 관을 통해 열이 전달되는 방식으로 예열시간이 길어 이 방식은 항상 기계를 켜 놓는 것이 좋다.

⑭ 그룹 개스켓(Group gasket)

추출 압력이 밖으로 새는 것을 막아주는 역할을 하며 개스켓의 경화가 일어나거나 마모가 있는지를 잘 확인해 적절한 시기에 교체할 수 있도록 한다.

[그림 6-28] **그룹 개스켓**

⑮ 크롬 도금 그룹(Chrome body group)

재질은 동으로 만들어졌으며 온도 유지를 위해 두꺼운 편이고 열전도율이 좋고 열을 품고 있는 성질이 강하다. 그리고 동으로 만든 그룹에 부식을 방지하기 위하여 크롬으로 도금을 한다. 그룹은 커피머신에서 가장 중요한 장치 중 하나이다.

⑯ 샤워홀더(Shower holder)

샤워를 고정시키는 역할을 하며 크롬 도금 그룹에서 한 줄기로 나오는 물을 여러 줄기로 바꾸어 압력을 분산시키는 역할을 한다.

⑰ 샤워(Shower)

필터홀더에 담겨 있는 커피에 물을 직접 분사하는 부분으로 샤워홀더에서 여러 가닥의 물줄기가 분산되어 커피 표면 전체에 분사시키는 역할을 한다. 커피 추출에 일정 기간 사용하면 샤워는 교체해야 한다. 또한 커피가 직접 닿는 부분으로 찌꺼기가 많이 끼어 있으므로 인해 커피 본연의 맛과 향을 가질 수 없으므로 청소를 깨끗이 해야 다음 추출 시 맛있는 커피를 추출할 수 있다.

⑱ 그룹홀더(Group holder)

그룹홀더는 홀더의 구조가 포터필터 바스켓과 포터필터 그리고 포터필터 스파웃(spout)으로 구성되며 1잔용과 2잔용, 그룹헤드 청소를 위한 청소용 헤드가 있다. 그룹홀더의 내부에 부착된 필터 바스켓에 분쇄된 커피를 담아 그룹헤드에 장착하여 커피를 추출한다. 필터 바스켓 용량은 각 잔별로 다르며 1잔용 필터 바스켓은 약 7~9g, 2잔용 필터 바스켓은 약 14~18g으로 만든다. 그룹홀더는 항상 그룹헤드에 장착하여

[그림 6-29] **포터필터**

사용함으로써 그룹헤드의 열이 전달되어 같은 온도로 유지되어 커피 추출 시 온도에 따른 맛의 변화를 줄일 수 있다. 그룹홀더도 그룹헤드와 마찬가지로 청결함이 중시되며 그룹헤드보다는 청소가 비교적 용이하다.

⑲ 수위감지센서(Water level sensor)

커피 추출을 위한 온수나 스팀으로 물을 사용함에 따라 보일러의 수위를 필수적으로 일정하게 유지해야 머신의 과열을 방지할 수 있고 커피 추출에 지장을 주지 않는다. 스팀온수 보일러의 70%는 항상 물로 채워져 있어야 하고, 온수나 스팀을 사용함에 따라 보일러의 수위가 내려가면 이를 감지하여 물을 보충해주는 역할을 한다.

⑳ 컴퓨터 콘트롤러(Computer controller)

커피머신의 첨단기술 발달로 반자동식 머신도 많은 부분들이 자동으로 이루어지고 있다. 각종 제어장치들이 콘트롤러 판넬로 사전에 필요한 정보들을 입력하여 원하는 커피 추출 기준으로 사용이 가능하다. 하지만 오작동이나 조작 미숙으로 인해 낭패를 볼 수도 있으므로 항상 사전점검으로 미연에 고장을 방지해야 한다.

⑳ 보일러(Boiler)

에스프레소 머신의 보일러는 스테인레스와 동 재질을 사용하고 있지만 열효율이 높은 동 재질을 주로 사용하고 있으며, 일체형 보일러와 독립형 보일러가 있다. 보일러의 열원은 대부분 전기히터 가열방식으로 사용되나 유럽 지역에서는 가스방식을 많이 사용하고 있다.

• 일체형 보일러

일체형 보일러는 스팀온수와 커피 추출을 동시에 사용하는 형태의 보일러로 내부의 70%의 물과 30%의 공간은 스팀으로 채워져 1~1.5bar 정도를 유지한다. 간접적으로 데워지기 때문에 용량이 큰 것을 선택하여 안정적으로 사용하는 것이 좋다. 일체형 보일러의 단점은 스팀온수를 함께 사용할 경우 정상적인 커피 추출이 어려워진다.

• 독립형 보일러

독립형 보일러는 스팀온수와 커피 추출용이 별도로 분리되고, 온도센서에 의해 물의 온도가 자동으로 제어되기 때문에 일정한 온도의 커피물이 공급되어 양질의 에스프레소를 추출할 수 있다.

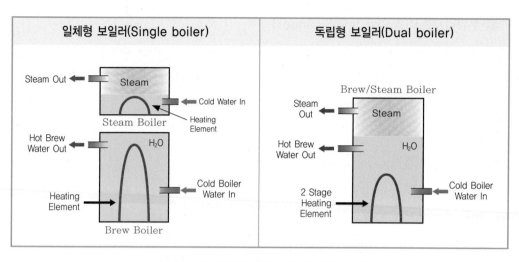

[그림 6-30] 일체형 보일러와 독립형 보일러

(4) 에스프레소 추출하기

1) 에스프레소 추출과정

① 잔 준비하기

사람이 커피를 가장 맛있게 느끼는 온도는 60℃ 전·후
로서 사용할 잔을 미리 데워놓는다.
잔이 차가우면 크레마가 경화되어 빨리 검게 된다.

② 필터홀더 뽑기

몸 쪽에서 왼쪽으로 45° 정도 돌리면 필터홀더가 분리
된다. 필터홀더의 무게가 600g 정도 되므로 떨어뜨리지
않도록 주의한다.

③ 물 흘려버리기

그룹헤드에 남아 있는 찌꺼기를 제거하고 헤드에 고여 있는 물을 버리는 것으로, 2~3초 정도면 충분하다.

④ 필터 바스켓 닦기

물기나 찌꺼기를 마른행주로 깨끗이 닦는다. 두껍게 잡으면 코너가 잘 닦이지 않으므로 얇게 잡고 닦는다.

⑤ 바스켓에 커피 채우기

그라인더 거치대에 필터홀더를 올린 후 그라인더를 작동시켜 커피를 분쇄한다. 그라인더 레버를 규칙적으로 당겨 바스켓에 커피를 채운다. 이때 커피를 고르게 담기 위해 포터필터를 회전시키면서 담는다.

⑥ 고르기

그라인더를 작동을 정지시킨 후 포터필터에 커피가 평평하게 담기도록 탬퍼의 뒷면으로 톡톡 친다.

⑦ 탬핑

커피가 흐트러지지 않도록 살짝 누르듯이 1차 탬핑을 하고 2차 탬핑은 균형 잡힌 자세로 커피가 바스켓에 수평이 되도록 탬핑을 한다.

⑧ 가장자리 털기

2차 탬핑 후 가장자리에 남아 있는 커피를 털어낸다.

⑨ 장착하기

왼쪽 45°에서 몸 쪽 90°가 되도록 돌려서 장착을 하고 장착 시 헤드 주변과 충돌하지 않도록 한다. 장착이 잘 되게 하기 위해 오른손으로 장착하고 난 후 왼손으로 힘을 주어 고정시키는 것이 좋다. 뒤쪽을 접촉시킨 후 앞쪽을 밀어 올리면 더 쉽게 장착할 수 있다.

⑩ 추출 버튼 누르기

잔을 받쳐서 내리고 잔의 가장자리에 비스듬히 떨어지게 한다. 낙차가 크지 않고 잔 바닥에 충격을 주지 않도록 해야 크레마가 보존된다. 커피 추출이 느리게 진행되면 커피가 고열에 노출되므로 빨리 진행해야 한다.

⑪ 포터필터 뽑기

커피 서브가 끝난 후 첫 동작과 같은 순서로 필터홀더를 뽑아내고 쿠키를 관찰하면 투입량이나 고르기 상태를 가늠할 수 있다.

⑫ 물 흘려버리기

스크린에 묻어 있을 수 있는 찌꺼기를 제거한다.

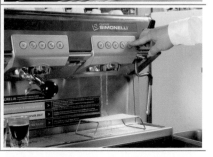

⑬ **쿠키 버리기**

쿠키를 댐퍼박스에 털어낸다.

⑭ **필터홀더 닦기**

필터홀더 내·외부 찌꺼기를 깨끗한 행주로 얇게 잡고 닦아내며 심하게 오염된 부분은 물 흘려버리기와 같은 방법으로 씻어낸다. 가능한 물이 많이 묻지 않도록 한다.

⑮ **필터홀더 채워두기**

필터홀더는 항상 그룹헤드에 장착시켜두어야 온도가 유지되면서 다음 커피 추출에 좋은 영향을 준다.

2) 크레마

크레마(crema)는 갓 추출한 에스프레소 위에 있는 황금색 거품을 말하는데 원두 속 지방성분이 증기와 만나 거품이 된 것으로 신선한 커피일수록 거품이 두껍고 부드럽다. 이 거품이 사라지기 전에 마셔야 에스프레소의 향과 맛을 제대로 느낄 수 있다.

크레마가 오래 지속될수록 제대로 추출한 것으로 에스프레소 추출 시 생성되는 휘발성 증기들은 크레마의 작은 방울들 속에 갇혀 있어 에스프레소를 마신 후 오랫동안 커피의 향과 맛을 유지해주는 역할을 한다. 크레마의 형성이 잘되었는

[그림 6-31] **크레마**

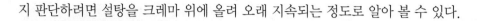
지 판단하려면 설탕을 크레마 위에 올려 오래 지속되는 정도로 알아 볼 수 있다.

① 적정추출

최고의 맛과 향을 간직한 에스프레소를 추출할 때 커피 투입량과 추출되는 물의 압력은 각각 7.0g(±0.5g), 9bar(약 8~10bar)이다. 추출시간은 약 25초(20~30초), 추출량은 30ml (25~30ml), 추출온도는 92℃(약 90~95℃)의 범위 내에서 추출하면 최상의 에스프레소를 추출할 수 있다.

② 과소추출

커피의 굵기가 너무 굵게 분쇄되거나 커피가루의 양이 너무 적을 때, 탬핑 압력의 강도가 약할 때, 물의 온도가 낮을 때는 추출된 커피의 성분이 적으며 신맛이 도드라진 특징이 있다. 이때 커피의 크레마 층은 얇고 옅으며 연한 노란색이며 크레마가 바로 사라진다.

③ 과다추출

너무 가늘게 분쇄된 커피이거나 커피가루의 양이 많을 때, 탬핑이 너무 강할 때, 물의 온도가 높을 때 추출된 커피성분이 너무 많으며 쓴맛과 탄 맛이 강하고 크레마가 짙어 붉은 색이 보이거나 마지막에 흰색 물방울의 반점이 보이기도 한다.

표 6-7 에스프레소 추출 기준 비교

구분	원인	결과
과소추출	• 너무 굵게 분쇄된 커피 • 탬핑 강도가 너무 약할 때 • 커피가루의 양이 너무 적을 때 • 물의 온도가 너무 낮을 때	• 추출된 커피성분이 적으며 신맛이 도드라진다. • 크레마 층이 얇고 옅으며 연한 노란색이며 크레마가 바로 사라진다.
적정추출	• 투입 원두량 7.0g(±0.5g) • 추출압 9bar(약 8~10bar) • 추출시간 약 25초(20~30초) • 적정 추출량 30ml(25~30ml) • 물의 온도 92℃(90~95℃)	• 신맛, 쓴맛, 단맛이 조화롭다. • 크레마는 황갈색의 호피무늬로 두께는 3~4mm 정도이다.
과다추출	• 너무 가늘게 분쇄된 커피 • 탬핑이 너무 강하게 된 커피 • 커피가루의 양이 너무 많을 때 • 물의 온도가 너무 높을 때	• 추출된 커피성분이 너무 많으며 쓴맛과 탄 맛이 강하다. • 크레마가 짙어 붉은색이 보이거나 마지막에 흰색 물방울의 반점이 보인다.

3) 탬퍼

탬퍼는 분쇄하여 포터필터에 담긴 커피를 고르게 다지는 역할을 한다. 탬퍼는 무거우므로 바닥에 떨어지지 않도록 하며 바닥에 떨어졌을 때 발을 다칠 수 있으므로 주의를 요한다. 그리고 탬퍼는 항상 청결하게 관리하고 깨끗한 곳에 보관하며 탬핑 시에도 포터필터의 추출구가 바닥에 닿지 않도록 한다.

[그림 6-32] **여러 가지 탬퍼**

탬퍼의 종류는 그라인더에 부착된 탬퍼와 스테인레스 탬퍼와 알루미늄 탬퍼, 플라스틱 탬퍼등이 있다. 스테인레스 탬퍼는 무겁지만 작은 힘으로 탬핑할 수 있고 알루미늄 탬퍼는 바리스타 스스로 사용하는 힘을 조절할 수 있다는 장점이 있으며 플라스틱 탬퍼는 주로 수평을 맞추기 위해 사용한다. 바리스타는 올바른 탬핑과 추출 연습을 통해 자신에게 맞는 탬퍼를 선택하여 사용한다.

탬핑이란 포터필터에 담긴 분쇄된 커피를 다지는 행위를 말한다. 탬핑의 강도에 따라 물의 통과시간이 달라질 수 있으므로 자신에게 맞는 탬핑 강도를 익힌다. 탬핑의 세기는 자기 몸에 실린 힘을 조절하여 맞추며 투입량과 분쇄입자의 크기에 따라서도 탬핑의 세기를 조절할 수 있다.

탬핑은 '1차 탬핑→태핑→2차 탬핑'의 순서로 진행된다.

[그림 6-33] **탬핑하는 모습**

첫 번째 탬핑은 살짝 다져주는 정도로 약 2~3kg의 힘을 가하며 이는 다진 커피에 틈이 생기는 것을 방지하기 위한 동작이다.

태핑은 탬퍼의 손잡이를 이용하여 포터필터의 옆면을 2번 정도 살짝 두드려주는 것이며 포터필터 내벽에 붙어 있는 커피가루를 털어내기 위한 동작이다. 이때 너무 세게 태핑하면 다진 커피에 균열이 발생할 수 있으므로 가루가 떨어질 정도만 두드려주면 된다. 최근에는 태핑을 생략하고 한 번의 탬핑만으로 추출하는 경우도 있다. 태핑 시 주의할 사항은 탬퍼의 스테인레스 부분으로 포터필터의 가장 자리를 두드리면 포터필터가 파손될 수 있으며 포터필터의 돌출부를 두드리면 포터필터를 그룹헤드에 장착할 때 완전히 고정되지 않을 수도 있으므로 주의해야 한다.

두 번째 탬핑은 강도를 세게 하여 눌러주고 수평을 맞추어 탬핑한다. 이 때 수평이 맞지 않으면 기울어진 쪽으로 과다 추출의 우려가 발생할 수 있고 쓴맛이 강한 커피가 추출될 수 있다.

바리스타는 올바른 탬핑 연습을 통하여 탬핑의 강도와 세기를 잘 조절할 수 있도록 해야 하며 자기 자신에게 맞는 탬핑 기술을 익혀야 한다.

4) 에스프레소 추출을 위한 물

자연에 존재하는 물은 연수와 경수로 나뉜다. 우리가 사용하고 있는 수돗물은 70~100ppm 정도의 미네랄성분을 함유한 연수이며, 에스프레소를 추출할 때는 수돗물을 정수한 물을 일반적으로 사용하고 있다. 완전 연수가 된 증류수는 커피 추출에 적절하지 않다. 또한 물속에 광물질이 함유되어 있을 경우, 광물질이 기계내부의 보일러나 파이프에 부착되어 기계고장의 원인이 되기도 하며 커피도 쓴맛과 떫은맛을 더욱 강하게 만드는 경향이 있다. 이때는 연수기를 사용하여 부드러운 물로 만들어 사용하고, 물속의 이물질은 제거하고 염소성분을 포획하기 위하여 정수기를 사용함으로써 물맛을 좋게 하고 양질의 에스프레소를 추출하는 데 기여한다. 특히 지하수일 경우는 반드시 정수기와 연수기를 사용하여야 에스프레소 머신을 안정적으로 사용할 수 있으며 정수기와 연수기는 철저히 관리하는 것이 좋다.

핸드프레소

핸드프레소는 누구나 쉽게 에스프레소를 추출할 수 있는 가정용 에스프레소 수동 머신이다. 전기를 사용하지 않고 뜨거운 물만 있으면 에스프레소를 맛볼 수 있는 기구로 사람의 힘을 이용하여 커피를 추출함으로써 그 힘과 각각의 취향에 따라 다른 맛과 향을 가진 커피를 만들 수 있다.

3. 우유 및 우유 스티밍(Milk steaming)

(1) 우유(Milk)

우유는 성분 중 수분이 약 88%를 차지하고 단백질 3.2%, 지방 3.2%, 탄수화물 4.7% 등으로 구성되어 있다. 우유에 함유된 단백질은 여러 종류가 있으며, 우유 단백질 중 80% 이상 차지하는 것이 카제인(casein) 단백질이다. 그리고 커피나 녹차의 카페인과 탄닌은 칼슘과 철분 흡수를 방해하므로 우유는 칼슘을 보충해 줄 수 있는 식품으로서 커피와 가장 잘 어울리는 식품이라고 할 수 있다.

1) 살균우유와 멸균우유

① 살균우유

영양 손실을 최소한으로 줄이는 범위 내에서 해로운 유산균과 지방분해효소를 완전히 사멸시킨 우유로 살균으로 인한 병원성 미생물로부터 안전성과 저장성이 높은 공법을 이용한다. 우리나라에서는 0.5~5초간 순간살균하는 초고온 순간살균법을 이용하고 있는데 저온살균법은 시간이 다소 오래 걸리지만 영양손실이 거의 없으며, 맑고 신선한 식감이

나고, 고온살균법은 단백질과 당류가 열로 인해 일부 반응하므로 구수하고 단맛이 난다. 살균우유는 완벽한 살균이 되지 않아 소량의 균들이 남아 있어서 우유가 쉽게 상할 수 있고 유통기한이 짧은 것이 단점으로 우리가 마시는 일반 우유가 살균우유에 속한다.

[그림 6-34] 살균우유

② 멸균우유

우유를 장기간 보존하기 위하여 특수한 열교환 장치를 써서 135~150℃에서 2~5초간 가열하여 일반 실온에서 자랄 수 있는 모든 미생물 즉 세균의 포자까지 완전히 사멸시키는 초고온 멸균법을 이용하여 멸균한 우유로 보존료 등의 첨가물을 전혀 사용하지 않고 우유의 풍미와 영양성분 함량에도 차이가 없으며 변질을 예방하기 위해 특수 포장한다. 멸균우유는 맛이 약간 떨어지는 단점이 있으나 살균을 거의 완벽

[그림 6-35] 멸균우유

하게 한 제품으로서 유통기한이 길다는 장점이 있기 때문에 대부분의 커피전문점에서는 멸균우유를 사용하기도 한다.

2) 균질우유와 무균질우유

균질우유는 우유성분의 구성이 균질하며 지방분리 현상이 일어나지 않도록 만든 것으로 특히 소화가 잘되기 때문에 위장 질환이 있는 사람들에게 적당한 우유이다. 무균질우유는 유지방을 분해시키지 않고 우유 고유성분 그대로를 상품화한 우유로서 우유 속에 약 3.4%의 지방이 '지방 구막'이라는 단백질로 쌓여 있다.

3) 탈지우유와 저지방우유

탈지우유는 우유 속에 들어 있는 약 3.4%의 유지방을 0.1%까지 줄인 것으로 주로 요구르트의 원료, 탈지분유로 가공되며 보존성이 높다. 저지방우유는 우유 속에 있는 약 3.4%의 유지방을 2% 이내로 줄인 우유로서 주로 성인병, 비만, 고혈압, 고지혈증 환자들의 식이요법에 활용되고 있으며, 우유

[그림 6-36] **탈지분유와 저지방우유**

를 소화시키지 못하는 사람들에게 적합한 우유이다.

(2) 우유 스티밍(Milk Steaming)

1) 스팀피처(Steam pitcher)

우유를 데우거나 우유거품을 생성시킬 때 사용하는 도구이다. 피처는 용량에 따라 300ml, 600ml, 900ml가 있으며 1잔용, 2잔용, 3~4잔용으로 우유거품을 만들 수 있으므로 바리스타의 재량에 따라 선택하면 된다. 우유를 스티밍할 때 스팀피처는 되도록 차갑게 하여 사용한다.

[그림 6-37] **스팀피처**

2) 우유 스티밍(Milk steaming)

스티밍이란 우유 속에 작은 공기방울을 만드는 작업으로 공기방울이 작을수록 더 부드러운 커피 맛을 낼 수 있다. 우유를 적당히 데우고 우유의 거품을 작게 만들어 부드럽게 된 스팀우유로 라떼, 카푸치노, 마끼아또 등의 커피 메뉴를 만들 수 있다.

우유거품 만들기는 상당한 숙련이 필요하기 때문에 많은 연습이 필요하다. 우유 온도가 너무 높아지면 우유거품이 제대로 만들어지지 않으므로 우유 온도가 높아지기 전에 우유 거품을 형성시켜야 한다. 에스프레소 추출과 거의 동시에 우유 스티밍 작업을 한 후 즉시 메뉴를 만들어 제공한다.

---

① 스팀피처에 차갑고 신선한 우유를 1/3 정도 채운다. 스팀피처는 반드시 냉장고에 보관하여 차게 사용해야 우유의 온도가 빨리 상승하는 것을 막는다. 우유도 4~5℃ 정도의 냉장우유를 사용하는 것이 온도를 빨리 상승시키지 않는다.

---

② 스팀 파이프라인 안에 들어 있는 잔수를 뽑아낸다. 이때 잔수를 뽑아내고 사용하면 우유의 농도가 흐리게 되는 것을 방지하고 우유 맛의 변화를 예방할 수 있다. 잔수를 뽑을 때는 젖은 수건으로 스팀 파이프 끝을 감싸고 스팀을 뿜어냄으로써 잔수 제거와 스팀 파이프의 예열효과를 동시에 얻을 수 있다.

---

③ 스팀노즐의 완드(wand) 부분이 스팀피처에 1cm 정도 잠기도록 하고 스팀압력이 강하게 나오게 한다. 이때 스팀 노즐의 각도를 잘 잡으면 벨벳 느낌의 우유거품을 얻을 수 있으며 우유의 양과 거품의 굵기에 따라 스팀의 강약을 조절하도록 한다.

---

④ 스팀피처를 위아래로 살짝 움직여 외부 공기가 주입되도록 하여 우유와 접촉하면 부피가 증가하여 1차 우유 거품을 생성시킨다. 이때 우유거품을 스팀피처의 7~8부 정도까지 만들고 온도는 35~40℃정도로 맞추어야 한다. 스팀노즐이 너무 깊이 잠기면 우유거품이 잘 형성되지 않고, 너무 얕게 잠길 경우에는 소리만 요란하고 거친 우유거품이 만들어진다.

⑤ 우유거품이 충분히 만들어지면 고운 거품으로 만들기 위해 스팀피처를 가장자리 쪽으로 하여 우유가 소용돌이치게 큰 회전을 시킴으로써 우유거품이 속으로 빨려들어가 빠르고 고르게 혼합되어 밀도가 고르게 한다. 혼합이 완료되면 부드럽고 윤기 있는 우유거품이 스팀피처의 8~9부까지 차게 되며 우유의 온도는 65~70℃ 사이가 되도록 맞춘다. 우유거품이 완성된 후 손으로 스팀피처의 표면을 만져서 원하는 우유의 온도에 이르면 스팀밸브를 잠그고 거품 내기를 끝낸다.

⑥ 스팀노즐을 사용한 후 스팀노즐에 끼어 있는 우유 찌꺼기를 없애기 위해 깨끗한 행주를 이용하여 스팀을 먼저 틀어 준 후 노즐을 깨끗이 닦아낸다. 사용한 행주는 깨끗하게 보관한다.

⑦ 우유거품이 완성된 후에도 잔거품들이 남아 있을 수 있다. 이 거품들을 없애기 위해 스팀피처를 2~3번 정도 바닥에 빠른 동작으로 두드려주고 회전을 1~2회 시켜주면 기포가 없는 벨벳 느낌의 고운 거품을 얻을 수 있고 회전시킨 직후 곧바로 커피 메뉴를 만든다.

(3) 생크림과 휘핑크림

에스프레소 메뉴에는 휘핑크림을 이용하는 메뉴가 상당히 있다. 생크림과 휘핑크림을 제대로 사용하면 커피 메뉴가 돋보이고 소비자들로부터 좋은 호응을 얻을 수 있게 된다.

[그림 6-38] 식물성 생크림과 동물성 생크림

1) 생크림

우유를 원심 분리하여 크림을 만든 후 다시 살균, 냉각, 포장, 숙성 단계를 거쳐 제조한 것으로 한국이나 일본에서는 유지방 18% 이상을 포함한 것이라고 규정하고 있으며 일반적으로 커피용은 20% 정도의 유지방을 포함하고 있으며 그보다 적은 함량의 것은 테이블 크림이라고 한다. 크림은 식물성과 동물성, 무과당과 과당 제품이 있으므로 기호에 따라 선택하여 사용하면 된다.

2) 휘핑크림(Whipping cream) 혹은 휘프드 크림(Whipped cream)

케이크나 과일용 크림은 30~50% 정도의 지방분을 함유하고 있어 거품을 내어 사용한 것으로 휘핑크림(whipping cream) 혹은 휘프드 크림(whipped cream)이라고도 한다. 휘핑크림은 미국·유럽의 수프나 생선·채소 요리의 소스, 디저트 등을 비롯한 모든 요리에서 조미료의 기초가 되므로 이용범위가 넓으며 쿠키 등의 장식에도 쓰이고 그대로 커피에 넣어 먹기도 하며 장식으로 이용하기도 한다. 주로 샐러드·수프 등을 만드는 데 사용하기 위해 생크림을 발효시켜 신맛이 나도록 한 것이 사워크림(sour cream)이다.

휘핑크림 만들기

휘핑크림은 직접 만드는 방법과 휘핑기를 이용한 방법이 있다. 직접 만드는 방법은 냉각한 생크림을 볼에 담고 거품기로 천천히 저어 거품이 일게 하여 크림이 조금 굳어지려고 할 때 설탕을 넣는다.

휘핑기를 이용한 방법은 크림을 휘핑용기에 2/3 정도 채운 다음 메뉴와 기호에 따라 시럽 등을 첨가하여 만들 수 있다. 질소가스를 가스 케이스에 넣고 결합시킨 후 휘핑기를 흔들어 휘핑크림을 완성한다. 단 고체로 이루어진 물질들은 휘핑기에 넣을 경우 휘핑기의 추출구를 막을 수 있어 위험하므로 절대 사용하지 말아야 한다.

휘핑기

Chapter 07

커피 메뉴

1. 커피 메뉴 구성

(1) 커피 추출기구

커피 메뉴를 위한 추출기구는 에스프레소 머신과 칼리타, 멜리타, 코노, 하리오, 융 그리고 모카포트, 사이펀, 프렌치프레스, 더치드립, 베트남 핀드립, 나폴리타나 등의 기타 추출기구가 있다. 수반되는 기구들은 제빙기, 셰이커, 휘핑기, 샷 글라스, 커피 메뉴에 따른 커피잔, 스팀피처 등 기타 여러 기구들이 필요하다.

(2) 커피 메뉴 재료

커피의 가장 기본적인 재료는 커피, 물, 설탕, 우유로 여기에 부재료를 첨가하면 새로운 메뉴들이 탄생하게 된다.

1) 커피

단종커피는 각 나라별 단품으로 그 나라 커피의 특성 즉 개성이나 특징을 살릴 수 있고 주로 드립커피를 추출할 때 사용한다. 블렌딩커피는 베리에이션(variation) 메뉴에 주로 사용하며 부재료를 첨가하여 커피 메뉴를 만드는 경우에 균형 잡힌 커피 맛을 낼 수 있다.

2) 부재료

정수된 물과 설탕, 우유 그리고 시럽과 소스가 있다. 시럽(syrup)의 종류는 초콜릿시럽, 바닐라시럽, 설탕시럽, 캐러멜시럽 등이 있고 소스(sauce)는 캐러멜소스, 바닐라소스, 초콜릿소스 등이 있다. 아이스커피(ice coffee) 메뉴를 만들기 위해서는 기본으로 덩어리 얼음이 필요하다.

> ### 시럽(syrup)과 소스(sauce)의 차이점
>
> 원래 시럽이라고 하면 과일즙에 설탕을 가한 과일시럽을 말하지만 대부분 캐러멜, 바닐라 등 인공향료를 첨가한 액상의 식품첨가물이다. 그리고 소스는 서양요리에서 맛이나 빛깔을 내기 위하여 식품에 넣거나 위에 끼얹는 액체 또는 반유동상태 조미료의 총칭으로 원액을 조금 묽게 만들어서 사용한다. 보통 샷에 같이 넣기도 하지만 휘핑크림 위에 모양을 내기 위한 토핑용으로 많이 사용된다.

(3) 커피 메뉴 조리방식의 선택

1) 원두 사용에 따른 메뉴 구성

원두커피를 단품커피와 블렌딩커피 중 어느 것을 선택하느냐에 따라 메뉴가 각각 다르다. 대부분 스트레이트(straight)커피일 경우 각 나라별 커피의 특성이나 개성을 살린 수용성 성분의 단품커피를 사용하고 베리에이션(variation) 메뉴의 경우 균형 잡힌 맛을 내기 위한 블렌딩커피를 사용하여 에스프레소 머신으로 가압추출한다.

2) 추출방법에 따른 메뉴 구성

자연압으로 추출하는 것은 드립을 이용한 스트레이트(straight)커피로 추출되고 기호에 따라 부재료를 추가할 수 있으며 지용성 성분이 제거된 수용성 성분만이 추출되어 맛이 깔끔하다. 에스프레소 머신을 이용하여 가압으로 추출한 커피는 커피의 지용성 성분인 크레마와 수용성 성분이 함께 추출되어 맛에서 바디감을 느낄 수 있고 대부분 베리에이션 메뉴를 조리할 때 사용된다. 또한 강한 맛과 바디감을 느끼기에 좋아 우유, 물, 시럽 등의 부재료를 사용한 베리에이션 메뉴로 만들어도 커피 맛을 살릴 수 있는 장점이 있다.

2. 커피 메뉴의 기본적인 용어

카페(Cafe)	'카페'는 커피를 의미하는 것으로 커피 메뉴 앞에 카페(Cafe)를 붙여서 사용하는 것이 원칙이며 아메리카노, 마끼아또 등의 앞에 카페가 붙는 게 정상적이나 통상 줄여서 부른다.
라떼(Latte)	이탈리아어로 우유를 뜻하며, 프랑스에서는 Lait라 한다. Café au lait는 'Coffee with milk'로 표현한다.
베리에이션 (Variation)	커피에 우유, 시럽 등 부재료를 첨가한 메뉴를 통칭하여 부르며 에스프레소, 우유, 캐러멜시럽을 섞어 만든 메뉴는 카페 캐러멜라떼라 한다.
샷(Shot)	에스프레소의 샷을 의미한다.
마끼아또(Macchiato)	마끼아또(Macchiato)는 마크(mark)를 의미한다.
모카(Mocha)	초콜릿시럽을 첨가한 메뉴의 통칭으로 다크(dark)초콜릿을 사용하느냐 아니면 화이트(white)초콜릿을 사용하느냐에 따라서 모카커피 혹은 화이트모카커피가 된다. 모카는 '알모카(Al Mocha)'라고 하는 예멘 지역에서 생산하는 커피로 초콜릿 향이 나면서 톡 쏘는 맛을 가진다. 하지만 우리가 흔히 마시는 카페모카는 위에서 설명한 모카와는 다르다. 모카가 초콜릿 향이 나는 것에서 착안해서 커피에 직접 초콜릿을 첨가해서 만든 것을 의미한다.

1) 에스프레소 커피 메뉴 이름

에스프레소로 만들어지는 커피 메뉴는 주로 이탈리아어로 되어 있어 간단한 이탈리아어만 익히면 커피 메뉴의 이해가 쉬워질 수 있다. 대부분의 메뉴이름은 사용한 재료나 스타일에 따라 메뉴 이름이 구성되기 때문이다. 카페(cafe)는 커피(coffee)를 의미하고 라떼(latte)는 우유(milk), 판나(panna)는 크림(cream), 모카(mocha)는 초콜릿(chocolate), 마끼아또(macchiato)는 마크(mark)를 의미하며 카페라떼(cafe latte)는 에스프레소 커피에 우유를 첨가한 것을 말한다.

아메리카노 (Americano)	통상적으로 말하는 커피는 말 그대로 미국식 드립커피이다. 미국인들은 대부분 커피를 연하게 가득 타서 옆에 두고 천천히 생각날 때마다 조금씩 즐기는 데서 유래하여 양이 많고 연한 드립형 원두커피를 말한다.
레귤러커피 (Regular coffee)	레귤러의 뜻은 보통 사이즈의 커피를 말하는데 통상적으로 다른 부재료가 들어가지 않은 물과 배합된 모든 추출 커피류의 총칭으로 '진하게', '연하게', '적당히'로 주문한다. 우리나라는 연하게 하여 설탕을 넣은 커피를 말한다.
블랙커피 (Black coffee)	커피에 설탕이나 시럽 등 아무것도 넣지 않은 커피를 말한다.
하우스블렌드 (House blend)	커피 로스팅업체나 커피전문점 자체적으로 자기만의 노하우로 볶은 커피를 블렌딩하여 레귤러용으로 만든 커피를 말한다.

3. 에스프레소 메뉴(Hot menu)

최근에는 에스프레소가 대세로 어디를 가든 에스프레소 머신을 구비하고, 이 머신으로 개발할 수 있는 메뉴들을 모두 만들고 있다.

(1) 커피머신으로 추출된 에스프레소를 기본으로 한 메뉴

1) 에스프레소(Espresso)

에스프레소 머신으로 뽑은 진한 원액으로 30ml 정도를 에스프레소 잔인 데미타세(demitasse) 잔에 추출하여 제공하는 커피이다. 이탈리아어로 '빠르다'는 뜻으로 추출하는 데 30초 정도 소요되며 모든 커피의 기본이 되는 베이스커피로 '커피의 심장'이라고 부른다. 에스프레소 한잔으로 원두커피의 질을 평가할 수도 있고, 커피의 참 맛을 느낄 수 있다. 기호에 따라 설탕이나 아이스크림과도 잘 어울린다. 제대로 추출된 커피는 황금색 거품 층인 크레마가 두텁게 생긴다.

2) 카페 도피오(Cafe doppio)

영어로는 더블 샷(double shot)을 의미하며 에스프레소 투 샷을 추출하기 때문에 60ml 정도로 도피오 잔에 제공한다. 에스프레소를 2배로 마시고 싶을 때 도피오로 주문한다.

3) 카페 룽고(Cafe lungo)

'Lungo'는 '장시간, 길게'라는 뜻으로 에스프레소를 조금 더 길게 추출한 것이다. 35~45초 정도의 시간에 약 35~45ml를 추출한 커피로 연하고 쓴맛이 나는 커피를 마시고 싶을 때 선택하면 된다. 좋은 향미를 위해 40ml 이상 추출은 권하지 않는다.

4) 카페 리스트레또(Cafe ristretto)

에스프레소를 15초 정도의 시간에 15ml의 추출량으로 짧게 추출한 커피로서 응축되거나 압축된 커피를 의미하며 가장 진한 시점에서 추출을 멈춘 커피로 좋은 향미들이 포함된다.

| 에스프레소 | 도피오 | 룽고 | 리스트레또 |

[그림 7-1] 에스프레소 기본 메뉴

(2) 베리에이션 메뉴

1) 아메리카노(Americano)

에스프레소에 물을 첨가하여 진하고 쓴맛을 줄인 커피로 미국인들이 연하게 마시는 데에서 유래 되었으며 미국에서는 롱 블랙(Long black)이 원래 이름이다. 아메리카노는 머그잔 혹은 큰 잔을 사용한다. 아메리카노(Americano)는 에스프레소에 물을 첨가한 커피이며 아메리칸 스타일(American coffee)은 드립으로 추출한 커피에 물을 첨가한 커피라는 차이점이 있다.

아메리카노 만드는 과정

① 머그잔에 뜨거운 물을 150~200cc를 준비한다.
② 에스프레소 잔에 에스프레소를 추출한다.
③ 뜨거운 물이 들어 있는 머그잔에 에스프레소를 붓는다.

2) 카페 마끼아또(Cafe macchiato)

데미타세 잔의 에스프레소에 스팀우유를 조금 얹어주는 메뉴로 마끼아또는 영어 표현으로는 'mark'이며 황금색의 에스프레소 크레마 위에 우유거품으로 점을 찍는다는 것을 의미한다. 카페 마끼아또는 맛이 에스프레소보다는 약하고 카푸치노보다는 진한 편이다.

카페 마끼아또 만드는 과정

① 데미타세 잔에 에스프레소를 추출한다.
② 우유를 스티밍한다.
③ 에스프레소가 들어있는 잔에 스팀우유를 얹거나 가득 채운다.

3) 카페 콘파냐(Cafe con panna)

에스프레소에 휘핑크림을 올려주는 것으로 마끼아또보다 더 달아서 달콤한 맛을 좋아하는 사람들에게 좋다. 이탈리아어 'con(섞다)'과 'panna(크림)'가 조합된 이름이다. 콘파냐는 생크림의 부드러움과 뜨거운 커피의 쓴맛이 시간이 지날수록 차츰 진해지는 단맛과 어우러지며 스푼으로 젓지 않고 그대로 마시면 부드러운 맛, 쓴맛, 단맛을 단계적으로 느낄 수 있다.

카페 콘파냐 만드는 과정

① 에스프레소를 데미타세 잔에 추출한다.
② 에스프레소가 들어있는 잔에 생크림을 얹는다.

4) 카페라떼(Cafe latte)

이탈리아 메뉴로 에스프레소에 우유를 첨가하여 만든 것으로 에스프레소 머신에서 추출된 에스프레소 원액에 우유를 넣은 커피 메뉴이다. 라떼는 에스프레소와 우유의 비율이 1:2~4 정도로 카페라떼는 카푸치노보다 연하고 부드럽다. 카푸치노와의 차이는 에스프레소 1온스에 우유거품과 농도의 차이로 보면 된다. 카페라떼를 기본으로 하여 바닐라라떼, 캐러멜라떼, 메이플라떼, 헤이즐넛라떼, 아이리시라떼 등 시럽 종류에 따라 다양한 메뉴가 늘어날 수 있다.

카페라떼 만드는 과정

① 잔에 에스프레소를 추출한다.
② 우유를 거품이 조금 형성되게 스티밍한다.
③ 에스프레소에 스티밍한 우유를 붓는다.

표 7-1 우유를 첨가한 커피의 나라별 명칭

명칭	의미
카페라떼(Cafè latte : 이탈리아)	에스프레소에 우유를 넣는 커피
카페오레(Café au lait : 프랑스)	드립커피에 우유를 넣은 커피
밀크커피(Milk coffee : 영어권)	드립커피에 우유를 넣은 커피
카페 콘레체(Café con leche : 스페인)	에스프레소에 우유를 넣은 커피

5) 카푸치노(Cappuccino)

전통적인 이탈리아 커피로서 스티밍을 하여 거품을 일으킨 우유와 우유거품이 서로 잘 섞인 상태에서 진한 에스프레소에 부어 만든 커피이다. 아랍인들이 흰 터번을 쓴 모습과 비슷한 데서 유래되었으며 에스프레소, 우유, 우유거품의 비율은 1:1:1로서 기호에 따라 계피가루, 초콜릿가루, 레몬, 오렌지껍질 등을 갈아 얹기도 한다. 카푸치노는 바리스타의 제조 기술을 평가하는 주요 메뉴로서 크레마와 우유의 색상이 조화를 이루어야 하며 외형상 실크처럼 부드럽고 윤기가 있어야 한다. 스푼으로 거품을 걷어냈을 때 1cm 이상의 거품 층이 있어야 한다.

카푸치노 만드는 과정

① 잔에 에스프레소를 추출한다.
② 우유를 거품이 많이 형성되게 스티밍한다.
③ 에스프레소에 스티밍한 우유를 부어주며 크레마가 사라지지 않도록 한다. 크레마와 우유의 시각적인 비율이 1:2 정도로 선명하게 보이도록 한다.

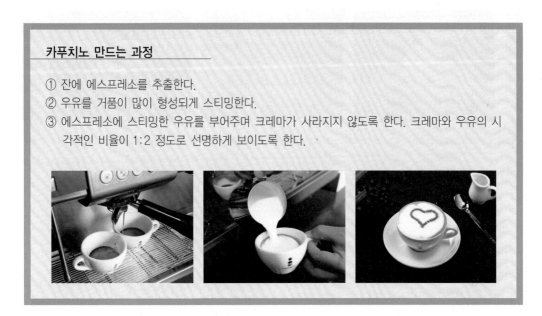

6) 카페모카(Cafe mocha)

에스프레소와 스팀우유, 그리고 초콜릿과 휘핑크림으로 토핑을 하여 달콤하고 부드러운 맛을 안겨주는 커피 메뉴이다. 먼저 초콜릿시럽에 에스프레소를 넣어 잘 섞일 수 있게 저어 준 후 스티밍한 우유를 80% 정도 부어준다. 여기에 달콤한 휘핑크림을 올려 만든 커피 메뉴이다. 휘핑크림을 올릴 때는 휘핑기를 사용하여 잘 섞인 휘핑크림을 커피가 들어 있는 잔의 내벽을 따라 짠 다음 중앙에 원형으로 돌려 모양을 만든다. 다음으로 휘핑크림 위에 초콜릿시럽으로 토핑한 후 마무리한다. 보통 위에 휘핑크림을 올리고 초콜릿가루나 시럽을 뿌려주지만 초콜릿, 마시멜로, 캐러멜 등을 이용하기도 한다. 화이트 카페모카는 화이트초콜릿을 이용한 커피이다.

카페모카 만드는 과정

① 잔에 초콜릿시럽과 추출한 에스프레소를 넣어 섞는다.
② 스티밍한 우유를 80% 정도 부어준다.
③ 위에 휘핑크림으로 장식한 후 초콜릿시럽으로 토핑한다.

7) 카페 비엔나(Cafe vienna)

비엔나커피는 에스프레소와 물을 섞은 아메리카노에 휘핑크림을 올린 커피이다. 우리 나라에서 판매하는 비엔나커피는 정작 비엔나에는 없는 커피로서 실제 빈의 카페에서 판 매하는 카페 비엔나는 아인슈패너(Einspanner)커피와 유사한 형태이다. 빈에서 우리나 라의 비엔나커피는 멜랑줴(Melange)라는 이름으로 주문해야 알아들을 수 있다. 이 외에 도 아인슈패너(Einspanner), 브라우너(Braune), 카푸치노(Kapuziner) 같은 커피들도 넓은 의미의 비엔나커피에 속한다.

카페 비엔나 만드는 과정

① 뜨거운 물에 추출한 에스프레소를 붓는다.
② 아메리카노 위에 휘핑크림을 올려 장식한다.

① 멜랑쉐(Melange)

멜랑쉐(Melange)는 빈 시민들이 가장 많이 마시는 커피로 모카커피에 슐라고바스(schlagobas)라는 뜨거운 우유와 우유거품을 넣고 그 위에 초콜릿가루를 뿌리는 것으로 카페에 따라서는 초콜릿 덩어리를 하나 주기도 한다. 그리고 순수한 커피에 카푸치노 같은 부드러운 우유거품과 초콜릿가루를 첨가한 커피이기도 하다.

② 아인슈패너(Einspaenner)

'말 한마리가 끄는 마차' 라는 의미로, 마부가 주인을 기다리는 동안 즐겼던 휘핑크림을 얹은 커피에서 유래하였다. 기호에 따라 물 대신 스팀우유를 넣기도 하지만 일반적으로 에스프레소와 물을 1 : 3 정도의 비율로 섞고 설탕을 넣은 후 휘핑크림을 얹는 커피로 우리나라에서 일반적으로 알고 있는 형태의 비엔나커피이다.

③ 브라우너(Brauner)

모카포트로 내린 블랙 에스프레소에 약간의 우유를 넣고 크림을 함께 제공하는 커피이다.

4. 아이스커피 메뉴(Ice menu)

아이스커피(ice coffee)의 기본은 드립커피와 얼음 혹은 에스프레소와 얼음이라고 생각하면 된다. 일반적으로 아이스커피라고 하면 커피와 얼음으로 차게 만든 모든 메뉴라 할수 있고 핫(hot) 메뉴와 마찬가지로 부재료와 나라별, 커피전문점별로 다양한 메뉴가 구성되어 있다. 아이스커피란 메뉴는 일본에서 처음 만들어졌다.

아이스커피의 주요 용어는 다음과 같이 나타낸다.

프라페(Frappe)	프랑스어로 얼음(얼음조각)을 넣어 차게 한 음료를 말한다.
프레도(Freddo)	이탈리아어로 거품이 있는 아이스 음료로 이때 거품은 얼음을 넣은 컵에 에스프레소와 찬물, 설탕시럽을 넣고 셰이킹(shaking)하는 과정에서 발생한다.
샤커레토 (Shakerrato)	이탈리아어로 영어의 '셰이커(shaker, 흔들다'와 같은 뜻으로 얼음과 설탕, 에스프레소(espresso)를 셰이킹(shaking)하여 만든 메뉴이다.
그라니타(Granita)	과일, 설탕, 와인 등의 혼합물을 얼려 만든 얼음과자이다.
셰이커(Shaker)	음식을 담아서 흔드는 데 쓰는 용기로 재료를 섞을 때 사용하는데 특히 커피를 차게 할 때 얼음과 함께 넣어 흔들어 커피만을 따라서 제공할 때 사용한다.

1) 카페 프레도(Cafe freddo)

카페 프레도는 아이스커피(ice coffee)로 에스프레소 2샷에 물(150~180ml)과 얼음을 넣어 만든 차가운 커피 음료이다. 프레도(freddo)는 영어의 'iced'이며, 일반적으로 아이스커피라 하면 드립커피나 더치커피를 이용하는데 에스프레소를 이용하여 아이스커피를 만들 수도 있다. 셰이커에 얼음, 에스프레소, 물을 함께 넣고 셰이커가 차가워질 때까지 셰이킹하여 유리잔에 별도의 얼음을 넣고 따른다. 이때 에스프레소와 찬물의 비율은 1:0.7 정도로 하며 유사한 메뉴로 커피 원액과 거품의 비율이 1:1 정도로 보이게 하는 에스프레소 샤커레토(Espresso shakerrato)가 있다.

카페 프레도 만드는 과정

2) 에스프레소 프레도(Espresso freddo)

에스프레소 프레도는 에스프레소 1샷과 얼음을 추가한 아이스커피이다. 진한 에스프레소의 맛을 시원하게 느낄 수 있는 메뉴로 잔에 미리 얼음을 채워서 에스프레소 추출과 동시에 급랭하면 향이 증발하는 것을 방지할 수 있다.

에스프레소 프레도 만드는 과정

3) 에스프레소 샤커레토(Espresso shakerrato)

에스프레소 1샷과 얼음 3~4개, 설탕 1티스푼을 넣고 흔든 다음 얼음은 빼고 차가워진 에스프레소만 와인잔에 따라주는 것으로 에스프레소를 거품을 내어 에스프레소의 강하고 진한 향과 함께 부드러움을 함께 느낄 수 있도록 한 메뉴이다. 에스프레소와 거품의 비율이 1:1 정도가 되면 가장 이상적이다.

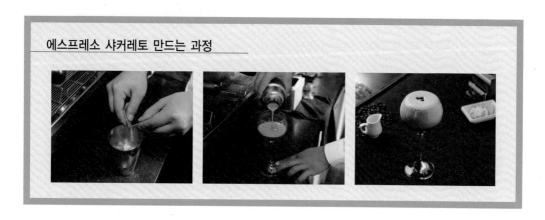

에스프레소 샤커레토 만드는 과정

4) 카페라떼 프레도(Cafe latte freddo)

에스프레소 2샷에 우유 150~180ml, 얼음 6~7개 정도를 넣은 아이스 카페라떼로 카페라떼를 시원하게 유리잔에 얼음을 넣고 우유를 따른 후 에스프레소를 넣어 만든 메뉴이다.

카페라떼 프레도 만드는 과정

5) 카페라떼 프레도 콘 캐러멜라(Cafe latte freddo con carame'lla)

  에스프레소 2샷과 우유 150~180ml, 얼음 6~7개 정도, 캐러멜시럽 1oz를 넣어 만든 메뉴로 카페라떼의 변형이며 아이스 캐러멜 카페라떼라 부르고 여러 가지 시럽종류에 따라 다양한 메뉴를 만들 수 있다. 유리잔에 미리 얼음을 넣고 우유를 따른 후 에스프레소를 따른다.

카페라떼 프레도 콘 캐러멜라 만드는 과정

6) 카페모카 프레도(Cafe mocha freddo)

  에스프레소 2샷과 모카믹스 150~180ml, 얼음 6~7개 정도, 휘핑크림을 얹어 만든 메뉴로 아이스 카페모카라고 하며 유리잔에 얼음을 넣고 모카믹스를 따르고 에스프레소를 따른 후 휘핑크림을 얹고 장식한다.

카페모카 프레도 만드는 과정

7) 아이스 카페 비엔나(Iced cafe vienna)

에스프레소 2샷과 차가운 물 150~180ml, 얼음 6~7개 정도, 설탕시럽 약간을 넣고 휘핑크림으로 장식한 메뉴로서 유리잔에 얼음을 넣고 물과 설탕시럽, 에스프레소를 넣고 저은 후 휘핑크림을 올린다. 비엔나커피에 얼음을 넣어 시원하게 즐길 수 있도록 한 고급스러운 메뉴이다.

아이스 카페 비엔나 만드는 과정

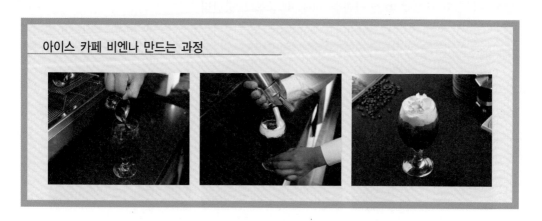

8) 카푸치노 프레도(Cappuccino freddo)

에스프레소 2샷과 얼음, 우유 150ml를 넣어 만든 메뉴로 셰이커에 각얼음 5~6개를 넣고 우유와 에스프레소 2샷을 넣어 흔들어준다. 그 다음 셰이커가 차가워지면 잔에 얼음 5~6개 정도를 먼저 넣고 셰이킹한 것을 거품과 함께 붓고, 카푸치노와 마찬가지로 초콜릿가루나 계피가루 등으로 토핑한다.

카푸치노 프레도 만드는 과정

9) 아포가토(Affogato)

아포가토(Affogato)는 이탈리아어로 '끼얹다', '빠지다' 라는 뜻으로 일반적으로 후식으로 바닐라 아이스크림에 뜨거운 에스프레소(espresso)를 얹어 내는 것을 말한다. 이탈리아에서는 정통 아이스크림인 젤라또(gelato) 위에 에스프레소를 얹는다고 하여 젤라또 아포가토(Gelato affogato)라고도 한다. 아이스크림 1스쿱(scoop)에 1샷(25ml)의 에스프레소를 얹고 기호에 따라 견과류, 초콜릿 등을 토핑한다.

아포가토 만드는 과정

5. 디카페인 커피

커피에 들어 있는 대표적인 화학물질은 카페인으로 중추신경에 자극을 준다. 커피를 마신 후에 졸음이 달아나고 약간의 긴장감을 느끼는 것은 카페인이 효력을 발휘하기 때문이다. 200ml 기준으로 한잔의 커피에 포함된 카페인은 대략 50~150mg 정도로 모든 커피의 카페인의 양은 각기 다르다. 커피에 들어 있는 카페인은 생두의 원산지 또는 생두의 종류나 상태에 따라서 함유량이 다르다. 예를 들어서 이디오피아에서 생산하는 아라비카는 서아프리카나 브라질, 베트남 등에서 생산하는 로부스타보다 카페인 함량이 적다. 또한 커피 한잔에 들어 있는 카페인의 양은 커피의 종류는 물론 볶는 방법, 커피를 내리는 방법에 따라서도 차이가 난다. 대표적인 디카페인 커피는 더치커피(Dutch coffee)로서 이 커피는 네덜란드풍 커피로 콜드 브류(cold brew)라고도 하며 찬물을 이용하여 3~12시간 정도의 오랜 시간을 들여서 우려내는 독특하고 향기 좋은 커피를 말한다. 워터드립, 커피의 눈물, 기다림의 미학 등 여러 가지 미사여구들로 불리기도 한다.

최근에는 가정에서도 품질 좋은 고급 커피에 대한 소비가 늘어나고 있으며 그 품질 좋은 커피에 대한 대안으로 더치커피가 떠오르고 있다. 더치커피는 상온에서 추출하여 일정 기간 숙성시킴으로서 풍미를 가지고 있는 기간이 다른 커피보다 길어 유통에 유리한 점이 있고 독특한 향과 맛이 깊은 와인 맛을 연상시킨다. 또한 원액상태로 판매되기 때문에 자신의 기호에 따라 여러 가지 재료를 추가하면 자기 자신만이 즐길 수 있는 커피를 마실 수 있다. 또한 더치커피는 레귤러커피에 비해 카페인이 적거나 없는 커피로 소개되고 있다.

더치커피를 공식적인 온라인 판매를 병행하고 있는 회사가 많이 생겨나고 있으며 최근에는 더치커피의 상품화로 많은 업체들이 위생설비를 갖추고 대량생산에 도전하고 있다. 2013년 4월에 열렸던 제2회 서울 커피엑스포에서는 많은 더치커피 제조사들이 직접 병입한 제품을 선보여 더치커피에 대한 유행이 본격적으로 시작되었음을 보여주었다.

더치커피 만드는 과정

더치커피(Dutch coffee)는 상온에서 찬물로 추출하여 일정 기간 숙성시킴으로서 풍미를 갖고 독특한 향과 맛이 깊은 와인 맛을 연상시키는 커피로서 더치 기구, 상온의 물 또는 찬물과 분쇄한 원두를 이용하여 3~12시간 정도의 오랜 시간 추출한 커피를 말하며 추출된 커피는 밀폐용기에 넣어 냉장 보관하여 숙성시킨 후 마시면 최고의 맛과 향을 느낄 수 있다.

Chapter 08

커피의 향미와 커핑

1. 커피의 향미(Coffee aroma)

2. 커핑(Cupping)

1. 커피의 향미(Coffee aroma)

커피의 향미는 코의 후각세포와 혀의 미각세포로 동시에 느낄 수 있는 커피의 향과 맛을 말한다. 커피의 향기는 기체의 천연적 화학성분이며 볶은 커피를 분쇄하면 기체 상태로 확산되고 추출된 커피로부터 증발하는 증기 속의 휘발성 향기로 표현되며 원두의 가용성 유기성분과 무기성분이 커피의 맛을 나타낸다.

(1) 커피의 맛과 향

1) 신맛(Acidity)

신맛은 커피 맛의 중요한 평가 기준 중 하나이다. 신맛은 시다기보다는 새콤한 맛으로 사과의 새콤한 맛과 와인의 신맛 등과 비교될 수 있는 상쾌한 신맛이며, 고급 마일드커피(mild coffee)의 대표적인 맛이다.

신맛이 부족한 커피는 별로 좋은 커피로 평가받지 못하며, 약한 로스팅으로 인해 불유쾌한 신맛이 나거나 건조 및 저장불량으로 인해 발효된 생두로 로스팅하여 텁텁하고 시큼한 맛이 난다. 커피의 신맛에 거부감이 있는 것은 저급한 커피, 발효된 생두, 부적절한 로스팅 때문으로 강한 로스팅을 하면 신맛은 점점 약해진다.

2) 풍미(Flavor)

플레이버(flavor)는 입속에서 느껴지는 맛과 향의 복합적인 느낌 즉 조화성이다. 커피의 맛은 모든 커피의 등급을 결정하는 커핑(cupping) 시 측정하는 하나의 방법이라고 볼 수 있으며 커피의 맛을 전체적으로 판단하는 기준이라고 보면 된다. 풍미는 rich(풍부한), flat(빈약한), wild(거칠고 강한), smooth(부드러운) 등으로 표현한다.

3) 향(Aroma)

아로마(aroma)는 후각으로 느끼는 것으로 좋은 아로마는 신선하고도 달콤하고 구수한 향이라 할 수 있다. 아로마는 원두 상태 및 분쇄 시 나는 dry aroma와 물을 부어서 젖은 상태에서 나는 wet aroma로 구분된다.

4) 여운(Aftertaste)

여운이라 함은 커피를 삼키고 나서 얻는 커피의 복합적인 느낌이라 할 수 있다. 여운은 마시고 난 후, 자주 변화하는 커피 맛의 잔여분이 남아있는 상태의 맛으로 여운이 지속되는 시간은 최초 커피 향의 느낌을 목구멍 뒷부분에서 느끼면서 이 느낌이 사라질 때까지의 시간 간격을 말한다.

5) 부케(Bouquet)

냄새로 지각할 수 있는 모든 표현 용어의 총칭이며, 즉 fragrance, aroma, aftertaste에서 맡을 수 있는 향 등을 포함한다.

(2) 커피 향미의 구분

커피 향미의 구분은 후각(olfaction), 미각(gustation), 촉각(mouthfeel)의 세 단계로 나누어진다.

1) 후각(Olfaction)

사람의 후각 수용기는 후상피라고 하여 콧구멍 즉 비강의 윗부분에 있는 점막에 위치하고 있는 상피세포로 각 수용체는 특정 냄새를 식별해 낼 수 있으며, 뇌는 각 냄새들을 기억해 두었다가 후에 비슷한 냄새가 나면 기억을 되살려 냄새들을 구분한다. 인간의 후각 수용체의 수는 약 1,000여 개에 불과하나 실제로 인지하고 기억할 수 있는 냄새는 약 2,000~4,000가지 정도이다.

커피콩을 볶을 때 생성되는 휘발성 유기화합물을 관능적으로 느끼고 평가를 하게 된다. 따라서 서로 다른 온도에서 기화하는 여러 가지 화합물질의 상대적 휘발성의 차이에 따라 커피 향기는 다음과 같이 크게 네 가지로 구분된다.

- 마른 향기(Dry aroma) : 방향(fragrance)이라고 하며 상온에서 기체 상태의 방향 물질로 변화한다.
- 젖은 향기(Wet aroma) : 아로마(aroma)라고 하며 커피 추출액의 표면에서 생긴 증기에 의하여 느끼게 된다.
- 마시면서 느끼는 향기(Nose) : 커피를 마실 때 느끼는 향기이며, 커피를 마시면 커피 추출액의 일부는 증기로 변하여 코의 후각 신경에 전달된다.
- 여운(Aftertaste) : 커피를 마신 다음 입안에 남아 있는 커피의 잔류성분이 증기로 생겨서 느끼는 향기로 전달된다.

커피는 각각 다른 특유의 향 특성을 가지고 있으며, 전체 커피 향을 총칭하여 부케 (bouquet)라고 한다. 이 전체적인 향 특성은 커피 맛의 특성과 조화되어 독특한 커피의 향미 구성(flavor profile)을 나타내며 커피품종을 분류하는 기본적인 관능평가의 수단이 되기도 한다.

2) 미각(Gustation)

미각 수용체는 침에 녹는 화학물질에 의해 자극을 받는 화학수용체이다. 혀에 가루 상 태의 물질을 올려놓으면 즉시 맛을 느끼지 못하는 것은 침이 맛을 느끼는 데 매우 중요하 기 때문이다. 커피는 가용성 성분이 화학 물질인 유기 및 무기화합물로 이루어져 있으며, 과실이나 견과류 및 야채 등에 당, 지방, 과일 산으로 구성된 유기성분 등이 약한 단맛과 신맛을 내고 카페인, 알칼로이드 형태의 유기화합물과 클로로제닌산(chlorogenic), 에스 텔(ester) 등은 쓴맛을 낸다. 그리고 무기질은 무기염의 형태로 떫은맛, 짠맛, 금속의 맛 을 나타낸다.

인간의 기본 미각은 단맛, 신맛, 짠맛, 쓴맛의 네 가지로 나뉘며, 혀의 각 부분에 있는 미뢰들은 구조적으로 비슷하나 기본 미각에 대한 감수성이 서로 다르다. 혀의 끝 부분은 단맛, 앞부분은 짠맛, 옆부분은 신맛, 뒷부분은 쓴맛에 민감하지만 이러한 구분은 다소 불 명확하며, 대부분의 미뢰는 한 가지 이상의 기본 미각에 반응한다.

실제로 맛을 느끼는 데에는 이러한 기본 미각 외에 후각, 촉각, 온도 감각이 복합적으로 작용하고 있다. 매운맛은 미각이 아니라 통각의 일부이다.

- 쓴맛 : 고급 아라비카 커피의 쓴맛으로 쓰다기보다는 쌉싸름한 맛에 가까우며, 로부 스타(robusta) 커피의 쓴맛이나 과다한 로스팅으로 인한 탄 맛과는 다르다. 일반적 으로 로스팅이 강하면 쓴맛, 약하면 신맛이 느껴진다.
- 단맛 : 설탕의 단맛과는 다른 것으로 쓴맛 뒤에 느껴지는 달콤함에 가까운 맛이며, 주로 고급 아라비카 커피에서 느낄 수 있는 맛이다. 시티(city)와 풀 시티(full city)의 로스팅 정도일 때에 원두의 단맛이 최고치에 이른다.
- 신맛 : 시다기보다는 새콤한 맛으로 사과의 새콤한 맛과 와인의 신맛 등과 비교될 수 있는 상쾌한 신맛이다. 고급 마일드커피(mild coffee)의 대표적인 맛으로 신맛이 부 족한 커피는 별로 좋은 커피로 평가받지 못한다.
- 짠맛 : 커피를 추출한 후 오래 가열하면 물이 증발하고 추출성분은 남아서 떫은맛을 내는 무기질성분이 농축되면서 짠맛을 낸다.

3) 촉각(Mouthfeel)

촉각의 경우 피부에 존재하는 마이스너 소체(meissner corpuscle)를 통해 뇌에 전달된다. 마이스너 소체는 촉각소체(tactile corpuscle)라고도 하며 음식이나 음료를 섭취하거나 섭취한 후 입안에서 물리적으로 느끼는 촉감을 말한다. 말초신경은 커피의 점도와 지방질을 느끼는데 포괄적으로 중후함(body)이라고 표현한다. 바디는 입안에 머금은 커피의 농도, 점도 등을 의미하며, 진한 느낌, 연한 느낌 등으로 표현한다. 바디의 느낌이란 맹물과 우유를 입안에 머금었을 때의 차이를 비교하거나 각기 농도가 다른 곰탕 국물을 비교하는 느낌으로 생각하면 된다.

표 8-1 커피 촉감에 관한 용어

지방함량 기준		고형분의 양에 따른 기준(섬유질, 불용성 단백질)	
Watery (묽은)	지방함량이 낮은 수준으로 적은 양의 커피를 추출할 때 표현	Thin (약간 묽은)	고형성분이 비교적 낮은 수준으로 섬유질이나 불용성 단백질을 미세하게 느끼는 것으로 적은 양의 커피로 추출할 때 표현
Smooth (부드러운)	지방함량이 다소 낮은 수준이고 생두의 지방함량이 보통일 때 표현	Light (연한)	고형성분이 다소 낮은 수준으로 섬유질이나 불용성 단백질을 감지할 정도의 느낌으로 적은 양의 커피로 추출할 때 표현
Creamy (기름진)	지방성분이 다소 높은 수준으로 생두 중 지방성분이 많을 때 표현	Heavy (중후함)	고형성분이 어느 정도 많을 때 느끼는 수준으로 섬유질이나 불용성 단백질이 많을 때 표현
Buttery (기름진)	지방성분이 비교적 높은 수준으로 지방성분과 커피 섬유질이 섞여 있을 때 표현	Thick (진한)	고형성분이 비교적 많은 수준으로 섬유질이나 불용성 단백질이 많을 때 표현

(3) 커피 플레이버 휠

커피는 향과 맛을 동시에 표현할 수 있으며, 추출된 커피로부터 증발하는 증기 속의 휘발성 향과 원두의 가용성 유·무기질이 녹아 있는 커피액으로부터 동시에 느낄 수 있다. 커피의 향과 맛에 대해 더 많은 이해를 하기 위해서는 SCAA 플레이버 휠을 참고하도록 한다. 커피 플레이버 휠에 나타는 4가지 구분은 콜롬비아 커피 협회의 향미 조사자료를 바탕으로 이루어진 것이며 효소, 당의 갈변, 건열반응, 결점두에 의한 구분으로 나눈다.

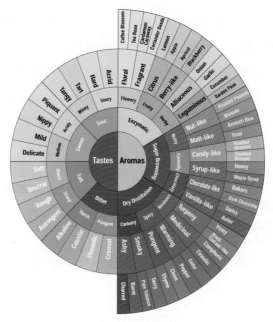

[그림 8-1] SCAA 플레이버 휠 : 맛과 아로마

1) 향 성분

① 효소(Enzymatic)에 의하여 생성된 향 성분

생두가 자라면서 가지는 향들을 효소에 의해 생성된 향이라고 하며, 커피가 가지고 있는 본래의 특성으로 휘발성이 강하게 나타난다. 커피를 끓일 때와 바로 추출한 상태에서 증발되어 나오는 향을 표현할 때 쓰는 기준용어로서, 프루티(fruity, 과일 향), 허비(herbal) 및 꽃 향의 범위에서 표현할 수 있다.

㉠ 꽃(Flowery)

• 꽃 향(Floral) : 커피꽃 향(coffee blossom), 장미 향(tea rose)
• 볶은 커피 향(Fragrant) : 카다멈(Cardamom), 고수씨(coriander seeds)

㉡ 과일(Fruity)

• 감귤류(Citrus) : 레몬 향(lemon), 사과 향(apple)
• 베리류(Berry-like) : 살구 향(apricot), 블랙베리 향(blackberry)

㉢ 허브(Herbal)

• 파 종류(Alliaceous) : 양파 향(onion), 마늘 향(garlic)
• 콩류(Leguminous) : 오이 향(cucumber), 완두콩 향(garden peas)

Enzymatic(엔지매틱)

아직 조직이 살아 있는 생두에서 일어나는 효소반응 시 발생하는 향 화합물군이다.

Flowery(꽃류)

#12
Coffee blossom(커피꽃 향)

커피꽃 향은 고감도의 뛰어난 감식가도 감지해내기 힘든 향으로 커피의 관능적인 우아함과 세련됨의 상징이다. 에디오피아 하라, 파푸아뉴기니의 시그리와 콜롬비아나 자바 섬에서 생산하는 커피에서 감지할 수 있다.

#11
Tea-Rose(장미 향)

특별히 매혹적인 이 향은 커피가 아주 신선하다는 것을 의미한다. 로부스타보다는 아라비카에서 더 강하게 나며, 커피를 갈 때보다는 추출할 때 더 강하다. 엘살바도르의 마라고지페에서 감지할 수 있다.

#19
Honeyed(꿀 향)

향나무나 복숭아 또는 신선한 버터 향만큼 웅장하거나 세련된 것은 아니지만 아주 좋은 커피에서만 감지할 수 있는 고급스러운 향이다. 추출 시보다는 갈 때 향이 진하다. 멕시코의 리퀴담바나 파푸아뉴기니의 시그리에서 감지할 수 있다.

Fruity(과일류)

#15
Lemon(레몬 향)

과일의 상큼함을 대표하는 이 향은 레몬 껍질에서 나는 신선하고 생기있는 향으로 커피에 생기를 불어넣고 커피가 신선함, 우아함, 완벽한 균형감을 갖게 한다. 케냐 AA와 콜롬비아 엑셀소, 강하지는 않지만 파푸아뉴기니의 시그리에서도 감지할 수 있다.

#17
Apple(사과 향)

사과 향은 커피에서 나는 향들의 바탕에 항상 깔려있는 향으로 특히 커피 과육이 풍부히 결합된 중미 지역과 콜롬비아 커피에서 맡을 수 있다. 또한 수확한지 얼마 안된 하와이 커피에서 감지할 수 있다.

#16
Apricot(살구 향)

우아한 분위기를 자아내는 커피일수록 이 섬세한 살구 향을 지니고 있다. 살구향은 꽤 분명하게 맡을 수 있고, 원기를 돋우는 특징을 가지고 있다. 에디오피아 시다모의 전형적인 특징이라고 할 수 있다.

Herbal(허브류)

#3
Garden peas(완두콩 향)

생두 상태이거나 약하게 로스팅했을 때 나는 향으로 시간이 지나면서 약해진다. 추출했을 때보다 콩 상태에서 그 향이 더 분명하고 커피의 모든 향들이 균형을 이루는 데 필수적이다. 과테말라와 우간다에서 생산하는 커피에서 감지할 수 있다.

#2
Potato(감자 향)

감자 향은 커피에서 나는 가장 흔한 향 중의 하나로 강하지는 않지만, 이 향이 강하게 나는 경우 콩 선별에 있어서 충분히 주의를 기울이지 않았다는 것을 뜻한다. 코스타리카, 콜롬비아 톨리마스에서 감지할 수 있다.

#4
Cucumber(오이 향)

오이 향은 강하지는 않으나 상당히 특별한 향이다. 수확한지 꽤 지난 콩에서도 나무향이 같이 풍기지만, 특히 이 오이 향이 생생히 살아있는 경우가 있다. 케냐 또는 에디오피아의 모카처럼 주로 아프리카에서 생산하는 커피에서 강하게 난다.

[그림 8-2] **효소에 의한 커피 향미**

② 당의 갈변(Sugar browning)에 의하여 생성된 향 성분

로스팅 시 당의 갈변반응에 의해 생성된 향미 특성으로 로스팅의 강도에 따라 커피의 독특한 향을 가지고 있으며 로스팅 공정이 진행될수록 당의 진행으로 다른 반응들이 나타난다.

○ 고소한 향(Nutty)

- 견과류(Nut-like) : 땅콩 향(roasted peanut), 호두(walnut)
- 맥아류(Malt-like) : 토스트 향(toast), 바스마티 쌀(basamtic rice)

○ 캐러멜(Carmelly)

- 캔디류(Candy-like) : 볶은 헤이즐넛(roasted hazelnut), 아몬드 향(roasted almond)
- 시럽류(Syrup-like) : 꿀(honey), 메이플 시럽(maple-syrup)

○ 초콜릿(Chocolaty)

- 초콜릿류(Chocolate-like) : 제과용 초콜릿(bakers chocolate), 다크초콜릿(dark chocolate)
- 바닐라류(Vanilla-like) : 버터 향(fresh butter), 스위스 초콜릿(swiss chocolate)

③ 건열 반응(Dry distillation)에 의하여 생성된 향 성분

2차 크랙 이후 발생된 향 성분으로 가장 늦게 증발되어 커피의 뒷맛에 영향을 준다.

○ 송진 향(Resinous)

- 테레빈유 향(Turpeny) : 소나무 향(piney), 블랙 커런트 향(black current-like)
- 소독 향(Medicinal) : 장뇌삼 향(camphoric), 시네올(cineolic)

○ 향신료 향(Spicy)

- 매운 향(Warming) : 삼나무 향(cedar), 후추 향(pepper)
- 쏘는 향(Pungent) : 정향(clove), 다임(thyme)

○ 탄화 향(Carboney)

- 연기 향(Smoky) : 타르 향(tarry), 담배 향(pipe tabaco)
- 재 향(Asy) : 탄 향(burnt), 숯 향(charred)

Sugar browning(슈가 브라우닝)
로스팅 과정에서 일어나는 갈변반응 시 발생하는 향 화합물이다.

Carmelly(캐러멜류)

#25
Caramel(캐러멜 향)
캐러멜 향은 커피의 풍미를 확실하게 향상 시켜주는 향으로 커피의 향들 중에서 중요한 위치를 차지한다. 아라비카를 추출할 때 뚜렷하게 맡을 수 있는 대표적인 커피 향이다. 안티구아의 엑셀소와 콜롬비아 수프리모 후일라의 향이다.

#18
Fresh butter(신선한 버터 향)
신선한 버터를 녹였을 때 나는 향으로 품질이 뛰어난 아라비카를 의미한다. 버터 향은 관능적 만족감을 불러 일으키는 부드러움을 가지고 있어 다른 향들에 미치는 영향력이 크다. 갈 때보다는 추출할 때 향이 훨씬 강하며 코스타리카의 커피와 콜롬비아의 수프리모에서 강하다.

#28
Roasted peanuts(볶은 땅콩 향)
커피의 우아함을 상징하는 이 향은 강하지 않은 것이 좋다. '그리스의 맛'이라고 불리는 이 향을 내기 위해 그리스에서는 생두에 덜 익은 땅콩을 첨가하기도 한다. 케냐의 카탈레와 짐바브웨의 커피에서 감지할 수 있다.

Nutty(견과류)

#29
Roasted hazelnuts(볶은 헤이즐넛 향)
약하든 강하든 커피의 향에서 달콤한 부분을 담당하는 향으로 약하게 로스팅되었다는 것을 뜻하며, 추출할 때보다 갈 때 강하게 난다. 콜롬비아 커피에서 강한데, 특히 시에라 산맥의 산타마르타에서 생산하는 커피에서 강하다.

#27
Roasted almonds(볶은 아몬드 향)
가장 매력적인 커피 향 중 하나로 특히 초콜릿 향과 아주 잘 어울린다. 콜롬비아의 엑셀소와 에디오피아의 리무, 자메이카 블루마운틴에서 감지할 수 있다.

#30
Walnuts(호두 향)
호두 향은 원두를 갈 때보다 추출할 때 더 뚜렷하다. 보통은 미각으로 감지되며 오래 지속되어 다른 향들이 다 사라져도 이 향은 남아있다. 브라질 커피 음용 시 후각과 미각 모두에서 감지되며 파푸아뉴기니의 시그리에서 감지할 수 있다.

Chocolaty(초콜릿류)

#26
Dark chocolate(다크초콜릿 향)
초콜릿 향은 커피의 주요 특징 중 하나로 초콜릿과 커피는 공통점이 많다. 둘 다 열매로 콩을 생산하며 열대지역의 나무 그늘에서 자라고, 볶을 때 향이 아주 매혹적이며 추출할 때보다는 갈 때 향이 더 강하다. 주로 중남미 커피에서 강하게 나며 콜롬비아 커피에서는 이 향이 드물다.

#10
Vanilla(바닐라 향)
바닐라 향은 커피 향의 균형을 잡는 데 기본적이고 핵심적인 향이다. 혼합된 나머지 향들을 정착시켜 강하게 하며, 바디감을 살려주는 데 큰 역할을 한다. 엘살바도르 마라고지페와 파푸아뉴기니의 시그리에서 감지할 수 있다.

#22
Toast(구운 빵 향)
구운 빵에서 나는 이 향은 로스터들이 로스팅이 잘되었을 때 높은 고도에서 자란 버터 향이 나는 커피들과 블렌딩하면 아주 좋다.

[그림 8-3] 당의 갈변에 의한 커피 향미

Dry distillation(드라이 디스틸레이션)
로스팅 과정에서 콩에 가하는 열 때문에 일어나는 건류(乾溜)현상에 의해 발생하는 향 화합물군이다.

Spicy(향신료류)

#8
pepper(후추 향)

이 금속성 향(질감)은 커피에 활력과 안정감을 불어넣어 커피를 한층 돋보이게 한다. 브라질과 짐바브웨에서 생산하는 커피에서 감지할 수 있다.

#7
Clove-like(정향)

이 흔하지 않은 향은 커피의 깊이를 더해주는 향으로 정향이 지닌 미묘하고 섬세함을 인정받고 있다. 에디오피아의 하라 모카에서 두드러진다.

#9
Coriander seed(고수씨 향)

고수씨 향은 커피를 대표하는 다른 향들보다는 약하지만 강력한 향에 속한다. 후각과 미각 모두를 통해 감지가 가능하다. 풍부한 바디감을 갖춘 에디오피아의 시다모나 엘살바도르 파카파라스에서 감지할 수 있다.

Resinous(수지류)

#24
Maple syrup(메이플시럽 향)

단풍나무 수액으로 만든 감미료의 향을 말한다. 이 향은 다른 향에 끼치는 영향력이 아주 강해서 향미를 향상시키는 데 큰 역할을 한다. 또한 로스팅한 정도를 판단하는 좋은 지표이기 때문에 반드시 기억해두어야 하는 향이다.

#14
Black currant-like
(까망까치밥나무 향)

이 특별한 향은 세계의 커피들 중에서도 특히 뛰어난 커피에 있는, 생기를 의미하는 향이다. 로부스타나 아라비카 모두 갈 때 분명히 감지할 수 있는 향으로 아라비카에 있는 향들 중 두드러진 특징이다.

#6
Cedar(향나무 향)

향나무 향은 세계적인 커피들의 진품 여부를 따지는 향이라고 할 수 있다. 다른 향들 속에 은근히 결합된 이 향은 강력하지는 않지만 향이 풍부해서 품위를 느끼게 한다. 자메이카 블루마운틴과 하와이안 코나에서 감지할 수 있다.

Pyrolytic(열분해류)

#23
Malt(맥아 향)

약하게 로스팅을 했거나 충분히 로스팅하지 않았을 때 이 향이 난다. 이 향은 볶은 정도에 따라 다르고 다른 향들과의 조합력도 뛰어나 잘 흡수되기 때문에 감지하기 어렵다. 따라서 감별 기준향으로 기억해두는 것이 좋다.

#34
Roasted coffee(볶은 커피 향)

이 관능적인 향은 로스터들의 상징으로 커피의 원숙미를 돋보이게 한다. 브라질과 엘살바도르의 아라비카에서 두드러진다.

#33
Pipe tobacco(담배 냄새)

로스팅할 때와 브라질의 아라비카를 추출할 때 두드러지는 향이다. 보통은 말린 채소나 그것을 구울 때 나는 향이 조합된 향이다.

[그림 8-4] 건열반응에 의한 커피 향미

④ 결점두에 의하여 생성된 향 성분

결점두에 의한 커피의 향미는 생두일 때 형성된 향미와 로스팅에 의한 향미로 나눌 수 있다.

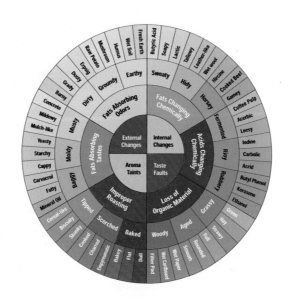

[그림 8-5] SCAA 플레이버 휠 : 결점두에 의한 향미

㉠ 지방에 흡수된 안 좋은 냄새(Fats absorbing odors)
- 흙 냄새(Earthy) : 깨끗한 흙(fresh earth), 젖은 흙(wet soil), 부엽토(humus)
- 땅 냄새(Groundy) : 버섯(mushroom), 생감자(raw photo), 감자 같은(erpsig)
- 먼지 냄새(Dirty) : 먼지 냄새(dusty), 지저분한(grady), 헛간 같은(barny)

㉡ 지방에 흡수된 안 좋은 맛(Fats absorbing tastes)
- 곰팡이 냄새(Musty) : 콘크리트(concrete), 곰팡이가 낀(mildewy), 나무 밑동 같은 (mulch-like)
- 곰팡이 냄새(Moldy) : 이스트 같은(yeasty), 전분 같은(starchy), 우유뚜껑 같은 (cappy)
- 마 포대 냄새(Baggy) : 카르바크롤(carvacrol), 지방이 많은(fatty), 광유(mineral oil)

㉢ 부적절한 로스팅(Improper roasting)
- 원두 끝이 탄(Tipped) : 시리얼 같은(cereal-like), 비스킷 같은(biscuity), 악취가 나는(skunky)

- 겉이 탄(Scorched) : 조리된(cooked), 검게 탄(charred), 누른 내가 나는(empyreumatic)
- 구운(Baked) : 빵처럼 구운(bakery), 납작한(flat), 둔한(dull)

㉣ 유기물질 소실(Loss of organic material)
- 나무 냄새(Woody) : 두꺼운 종이(filter pad), 젖은 골판지(wet cardboard), 젖은 종이 냄새(wet paper)
- 묵은 콩 냄새(Aged) : 풍부한(full), 부드러운(rounded), 매끄러워진(smooth)
- 풀 냄새(Grassy) : 풋내(green), 마른 풀냄새(hay), 밀집냄새(strawy)

㉤ 산의 화학적 변화(Acids changing chemically)
- 발효 냄새(Fermented) : 커피 과육(coffee pulp), 신(acerbic), 와인의 앙금 같은(leesy)
- 소독 냄새(Rioy) : 요오드(iodine), 석탄산 냄새(carbolic), 기분 나쁜 신맛(acrid)
- 고무 냄새(Rubbery) : 부틸 페놀 냄새(butyl phenol), 등유(kerosene), 에탄올(ethanol)

㉥ 지방의 화학적 변화(Fats changing chemically)
- 땀 냄새(Sweaty) : 부틸 산(butyric acid), 비누 냄새(soapy), 유제품(lactic)
- 기름 냄새(Hidy) : 동물 기름 냄새(tallowy), 가죽류(leather-like), 젖은 양모(wet wool)
- 말 같은(Horsey) : 염소 냄새(hircine), 조리한 쇠고기(cooked beef), 약간 썩은 고기 냄새(gamey)

Aromatic taints(아로매틱 테인츠)

콩 가공 시 환경적 요인이 콩에 배어 일어나는 화학적 변화에 의한 향 화합물군으로, 강하면 좋지 않으나 약할 때는 좋은 자질로 평가받는다.

Earthy(토양류)

#1
Earth(흙 냄새)

커피의 건조방식에 따라 콩에 흙 냄새가 배어들거나 창고에 보관할 때 환경적 요인이 콩에 영향을 미치는 경우에 의한 것이다. 에디오피아의 하라와 시다모, 엘살바도르의 마라고지페 그리고 파푸아뉴기니의 시그리에서 이 풍미를 감지할 수 있다.

#20
Leateher(가죽 냄새)

커피에서 나는 가죽 냄새는 드물게 커피의 질에 대한 진품 여부를 판단하는 기준으로 여겨지며 특히 모카 커피에서 두드러진다. 최상급의 에디오피아 하라에서 이 향을 감지할 수 있다.

#5
Straw(짚 향)

몬순시기에 생두를 보관하고 있는 창고를 몇 달 동안 개방하여 습기를 충분히 머금게 하면 콩이 커지고 매력적인 금색을 띠는 인도의 몬순커피에서 이 짚 향을 맡을 수 있다. 이 향이 커피에 골고루 퍼지면 특히 좋은 질을 갖고 있는 것을 의미한다. 아이보리 코스트의 로부스타와 케냐의 키탈레에서 감지할 수 있다.

Fermented(발효류)

#13
Coffee pulp(커피 과육 향)

커피의 주요 향의 하나로 포도주의 상큼한 신맛처럼 커피 고유 특질로 과하면 좋지 않지만 세계적으로 좋은, 특히 남미 세척방식의 커피에 녹아 있다. 안티구아의 엑셀소, 케냐 AA에서 두드러진다.

#21
Basmati rice(찐 쌀 향)

찐 밥에서 나는 향을 연상하면 된다. 이 향은 로스팅 초기단계에서 맡을 수 있으며, 로스팅이 진행되면서 발생하는 다른 향들과 구별하기 쉽지 않아 훈련이 필요하다. 엘살바도르 아라비카와 아이보리 코스트 로부스타에서 감지할 수 있다.

#30
Medicinal(약 냄새)

커피에서 약 냄새가 나는 것은 오래 로스팅을 했다는 것을 의미하며, 이탈리안 에스프레소와 같은 라틴 스타일의 커피에서 맡을 수 있는 향이다. 이 향은 인위적으로 커피의 풍미를 내는 데 이용한다.

Phenolic(페놀류)

#36
Rubber(고무 냄새)

커피에서 고무 냄새가 난다고 해서 부정적으로 받아들일 필요는 없다. 이 향은 아라비카보다 로부스타에서 좀 더 뚜렷하게 감지된다. 파푸아뉴기니의 시그리와 콜롬비아의 엑셀소에서 감지할 수 있다.

#31
Cooked beef(요리된 고기 향)

이 향은 아주 좋은 아라비카 커피에서 나는 향으로 코코아 향과 완벽하게 어울리는 향이다. 콜롬비아 엑셀소와 케냐에서 생산하는 커피에서 감지할 수 있다.

#32
Smoke(연기 향)

이 연기 향은 로스팅의 마지막 단계에서 나는 전형적인 향이다. 로스팅을 과하게 하면 타르 향이 발생한다.

[그림 8-6] **결점두에 의한 커피 향미**

(4) 커피 풍미 용어

1) Taste

① Sour(신맛)

생생한 산미와는 다른 개념의 신맛으로 주로 덜 익은 생두로 만든 커피에서 나타나는 시큼한 맛이며, 구연산, 주석산, 사과산에서 느끼는 기본 맛의 하나이다.

ㄱ Soury(시큼한 맛)

커피의 신맛이 나타내는 1차적인 맛으로 커피 무기질이 산과 결합하여 만들어지며 신맛이 전체적으로 감소하면서 만들어지는 맛이다.

- Acrid(아린 맛) : 시큼한 맛이 변하여 나타나는 커피의 2차적인 맛으로 톡 쏘는 강한 신맛으로 떫은맛에 가깝고 목구멍을 자극하는 독특한 향미이며, 커피가 식으면서 나타나는 신맛이다.

- Hard(자극적인 신맛) : 신맛이 변화하여 나타나는 커피의 2차적인 맛으로 자극적이고 시큼하면서 톡 쏘는 신맛이며 커피가 식으면 정상적인 맛으로 느껴진다. 또한 커피를 건조하는 과정에서 과육이 부패하여 열매의 당 성분이 효소 작용에 의하여 산으로 변화한 커피의 맛에서도 나타나며 균형감이 부족하다는 의미를 가지고 있다.

ㄴ Winey(와인 맛)

포도주의 풍미가 느껴지는 커피의 맛으로 커피의 당 성분이 산과 결합하여 신맛을 줄이면서 생성된 맛이며 산미가 풍부해서 생동감이 있고 훌륭한 레드와인의 풍미를 연상할 수 있다.

- Tart(신 와인 맛) : 커피의 와인 맛이 변하여 나타나는 커피의 2차적인 맛으로 신맛을 강하게 나타낸다.

- Tangy(달콤한 와인 맛) : 와인 맛이 변화하여 나타나는 커피의 2차적인 맛으로 시큼한 맛의 특징을 가지고 있으며 커피의 단맛 성분이 과할 때 과일 맛과 유사한 맛을 나타낸다.

② Sweet(스위트)

기본적으로 사람이 좋아하는 맛으로 혀의 앞쪽에서 집중적으로 느낄 수 있다. 거친 맛이 없고 커피에서 감지할 수 있는 감칠맛으로 표현할 수 있는 범위가 넓다. 커피에서 단맛을 내는 요소는 탄수화물과 단백질이다.

ⓖ Acidy(상큼한 맛)

추출한 커피의 생동감을 좌우하는 가장 중요한 맛 인자로서 커피 맛의 평가기준 중 하나다. 또한 산미 자체로서 감지되는 산도는 높고 낮음으로 이야기할 수 있다.

생과일에서도 감지되는 생생한 산미는 혀 가장자리에서 느낄 수 있고 산도의 정도는 뒷맛에서 감지할 수 있다.

- Piquant(자극적인 단맛) : 커피의 상큼한 맛이 변하여 나타나는 2차적인 맛으로 단맛이 강한 산미를 나타내는 자극적인 단맛이다. 커피가 식으면서 단맛이 혼합되어 커피에 산이 많이 생성되면서 느끼는 맛으로 식은 후 정상적인 단맛으로 감지한다.
- Nippy(강렬한 단맛) : 상큼한 맛이 변해서 나타나는 커피의 2차적인 맛으로 당이 많은 커피에 산 성분이 과다하게 있을 때 매운 맛과 함께 느끼는 신맛으로 감지한다.

ⓛ Mellow(달콤한 맛)

산도가 높지 않아서 익은 과실의 원숙한 달콤함이 입안을 부드럽게 감싸며, 볶은 커피에서 느낄 수 있는 커피의 1차적인 단맛이다.

- Mild(부드러운 단맛) : 커피의 당분과 염분이 높은 농도로 결합할 때 강하게 느끼는 맛으로 어떤 특성도 넘치거나 부족하지 않은 상태일 때 쓰는 표현이며, 커피를 마신 후 혀끝에서 잠깐 느낄 수 있는 맛이다.
- Delicate(약한 단맛) : 커피의 2차적인 맛으로 완전히 잘 익은 커피 체리로 만든 커피에서 맛볼 수 있는 풍미이다. 혀끝에서 살짝 감지할 수 있는 민감한 맛으로 당과 염분이 결합되어 나타나지만 다른 맛으로 인하여 바로 사라지는 특징이 있다.

③ Salt(짠맛)

짠맛은 커피에 감칠맛을 돌게 하고 활력을 불러일으키는 중요한 요소로 커피의 맛을 감별할 때 없어서는 안 되는 중요 인자이다. 그러나 짠맛이 주된 맛으로 나타날 때는 커피콩의 상태가 좋지 않은 경우이며 짠맛의 작용으로 표현되는 커피 맛은 bland와 sharp 범위에서 나타나게 된다.

ⓖ Bland(약한 맛)

혀 가장자리에서 감지할 수 있는 부드럽고 온화함의 정도를 표현하는 커피 맛의 평가기준 용어로서 soft와 neutral의 범위에서 표현하기도 하고 일반적으로는 향이 희미한 커피를 지칭하기도 한다.

- Soft(약한 맛) : 블랜드의 정도를 구분하여 표현할 때 쓰이는 용어로 혀를 자극하는

맛이 전혀 나타나지 않을 때 사용한다. 커피의 약한 맛이 변해서 나타나는 2차적인 맛으로 드라이한 맛을 미세하게 느낄 수 있다.

- Neutral(매우 약한 맛) : 어떤 특정한 풍미도 튀지 않고 밸런스가 잘 맞는 커피 맛을 표현하는 용어로, 블렌딩에서 연출할 수 있는 특성이다. 과거에는 개성이 없다는 부정적인 의미로 쓰이기도 했다.

ⓒ Sharp(자극적인 맛)

커피의 1차적인 맛으로 커피에 있는 산이 무기질과 결합하여 생성된 것이며 커피의 무기질 맛이 증가하여 혀에 강하게 느껴지는 매운 맛이다.

- Rough(거친 맛) : 커피 맛에서 주로 짠맛이 강할 때 나타나는 현상으로 혓바닥을 바싹 말리는 느낌을 받을 때 쓰는 표현 용어이다. 무기질이 많을 때 나타나며 혀에서 느끼는 자극적인 맛을 표현한다.
- Astringent(떫은맛) : 자극적인 맛이 변한 커피의 2차적인 맛으로 커피의 첫 모금을 마실 때 혀의 옆과 앞에서 느낄 수 있는 맛이다. 신맛과 무기질이 섞이면서 강한 무기질 맛으로 나타나며 수렴성이 강하기 때문에 매운맛도 더해져 커피를 입에 머금을 때 혀를 자극한다.

④ Bitter(쓴맛)

혀 뒤쪽에서 감지되는 맛으로 커피의 키니네, 카페인 그리고 다른 알칼로이드성분이 쓴맛을 낸다. 일반적으로 사람들은 쓴맛을 좋아하지 않지만 커피에서는 쓴맛이 통상적으로 나타난다. 쓴맛이 없는 커피는 개성이 없고 뭉툭한 느낌을 준다. 쓴맛은 주로 에스프레소를 위한 강한 로스팅이나 진한 추출에서 많이 다루게 되는데, 밸런스가 잘 잡힌 가운데 쓴맛이 포함된 진한 커피는 보통 '스트롱(strong)하다', '풍부하다' 등으로 말할 수 있다. 하지만 쓴맛이 주도적으로 나타나면 밸런스에 문제가 있는 좋지 않은 커피이다.

ⓐ Harsh(떫고 쓴맛)

맛의 결이 거칠게 느껴질 때 표현하는 용어로, 쓰고 떫은맛과 자극적인 신맛이 어우러져 나타나는 맛이다.

- Alkaline(알칼리 맛) : 진하게 볶은 커피의 톡 쏘는 맛이 변화하여 표현되는 맛으로 커피의 쓴맛을 나타내는 알칼리염과 페놀로 인해서 나타나는 맛이다.
- Caustic(소다 맛) : 진하게 볶은 커피의 거친 맛이 변하여 나타나는 커피의 2차적인 맛으로 찌르는 듯한 강한 신맛이다. 생두의 당분이 극히 적을 때 단맛이 감소하고 쓴

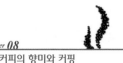

맛이 증가하여 자극적인 신맛이 표출된다. 자연 건조한 리베리카에서 보이는 특징적인 맛이다.

ⓛ Pungent(톡 쏘는 맛)

로스팅 스타일에서 연출해 내는 맛의 특성으로 아릴 정도로 얼얼한 맛으로 예리하고 불쾌한 쓴맛으로 표현한다. 산 성분이 쓴맛과 결합하여 커피의 전체적인 쓴맛을 감소시키며 주로 혀의 뒤쪽에서 느끼는 맛이다.

- Phenolic(페놀 같은) : 스모키한 쓴맛으로 크레졸 냄새와 비슷한 화학약품 냄새가 느껴진다.
- Creosol(타르 맛) : 커피의 톡 쏘는 맛이 변해서 생긴 커피의 2차적 맛으로 로스팅 온도가 높을 때 커피 섬유질의 건열분해에 의해 탄 냄새와 기름 냄새가 섞여 나타나는 타르 맛이다. 커피를 삼킨 후에도 여운이 강하게 남는 맛이다.

2. 커핑(Cupping)

커핑은 컵 테스트 또는 향미 평가를 말하며 관능적 평가를 의미한다. 커피는 열을 가하여 볶아야만 비로소 커피의 구실을 하게 된다. 생두가 아무리 좋아도 커피라고 말하기는 어렵다. 커피에 열을 가하면 수백 가지의 향과 맛이 발산하는데 커피를 처음 접할 때는 이 향과 맛을 구분하기가 쉽지 않다. 이것은 커피를 계속 접하면서 훈련을 통해서만 가능한 일이다. 스페셜티 커피를 마셔보고 많은 경험을 쌓아야만 커피의 맛을 구별하는 능력이 생기게 되며 커피 바리스타가 되려면 여러 가지 커피들을 접하고 나름의 평가를 수없이 많이 반복해야만 전문 커퍼(cupper)가 될 수 있다.

커피의 품질 평가는 객관적인 방법과 주관적인 방법이 있다. 대부분 커핑 테스트는 주관적인 방법인 관능검사로 이루어지기 때문에 한 사람의 커퍼(copper)가 판단하면 오류를 범할 확률이 높다.

(1) 커핑의 목적

커피 샘플을 통하여 커피의 향(aroma)과 맛(taste)의 특성을 체계적으로 평가하는 것을 커핑(cupping)이라 한다. 샘플이 되는 생두 간의 실제적 차이를 비교하여 품질평가 및 특성을 파악하고 생두에 대한 향미의 속성을 알아보며, 상품에 따른 선호도의 순위를 결정하기 위함이다. 그리고 적정한 로스팅의 포인트를 확인하고 블렌딩을 위한 기초자료로서 활용도와 커피 추출과정의 변화 등을 알아보는 것이 커핑의 목적이다.

커핑은 전통적으로 관능검사를 의미하며 커핑을 하는 사람을 '커퍼(cupper)'라 한다. 커퍼는 뛰어난 미각과 함께 오랜 경험과 반복적인 훈련으로 양성된다. 커피농장, 대규모 로스팅회사, 커피 제조회사 등에서 커핑을 실시하며 커피농장의 생산자에게는 무엇보다 중요하다.

(2) 커핑 테스트를 위한 규정과 프로세스

1) 커핑 테스트를 위한 규정

원두는 커핑 전 8~24시간 이내에 로스팅한 커피를 사용하며 샘플의 로스팅 시간은 8~12분으로 Agtron #55~60인 city 정도로 한다. 분쇄 후 15분 이내에 커핑해야 하고 커피의 분쇄 정도는 사이펀을 추출할 때 사용하는 입자의 굵기로 가는 입도로 분쇄한다. 이는 커피의 향과 맛을 최대한 추출할 수 있도록 18~22%를 내는 최적의 추출률을 얻기 위해서이다.

사용되는 원두의 분량은 물 150ml에 7.25~8.25g 기준으로 비율을 조절하고 물은 수용성 무기물이 함유되어 있는 질 좋은 생수를 사용하며 증류수를 사용하여서는 안 된다. 물의 온도는 92~96℃를 사용한다.

① 샘플 준비

커핑 테스트를 하고자 하는 생산지별 생두를 준비하여 샘플 로스터를 이용하여 볶아 낸 원두와 비교하여 품질을 평가한다.

[그림 8-7] 커핑 커피 샘플

② 커핑 도구

커핑 도구로는 커핑 컵, 커핑 스푼, 커핑 양식지, 온도계, 주전자, 일반 컵 등이 필요하다. 커핑 컵은 180ml 강화유리 또는 도자기를 이용하고 커핑 스푼은 가운데가 깊게 들어간 것을 이용한다.

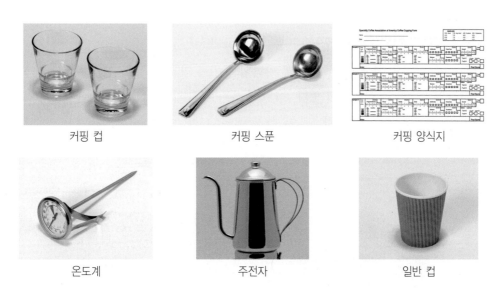

커핑 컵   커핑 스푼   커핑 양식지

온도계   주전자   일반 컵

[그림 8-8] 여러 가지 커핑 도구

[그림 8-9] 커핑 도구

(3) 커핑 테스트 프로세스

커핑은 다음과 같은 절차로 커핑 테스트를 진행하여 그 결과를 평가지에 작성하여 그 커피에 대한 평가를 한다. 가급적 여러 명의 커퍼들이 동시에 하게 되면 해당 커피에 대한 평가가 정확성을 더 가지게 된다.

1) 후각 : 분쇄된 커피 향기(Fragrance, Dry aroma)

분쇄된 커피 8g을 컵에 담고, 분쇄된 커피의 향기를 맡는다. Dry aroma는 가장 휘발성이 강한 방향물질로 구성되어 있다. 이런 향기는 아주 짧은 시간에 소멸되므로 분쇄 후 빠른 시간에 향 성분을 체크한다.

커핑하는 모습

2) 후각 : 젖은 향(Wet aroma, Break aroma)

커핑은 우려내기(infusion) 방법을 사용한다.

① **물 붓기(pouring)** : 약 92~95℃의 물을 커피 입자가 완전히 젖도록 컵에 가득 붓는다. 이 경우 커피의 가용성 성분의 농도가 1.1~1.35%가 된다.

② **젖은 향(Wet aroma)** : 물을 붓고 증발하는 향을 체크한다.

③ **브레이크 향(Break aroma)** : 물을 붓고, 3분 정도 경과 후 스푼으로 부유물을 밀면 커피의 부유물 층이 깨지는 것을 브레이크라 하고 부유물을 밀어낼 때 순간적으로 강한 향이 올라오는데 이 향을 브레이크 향이라 한다.

> **커핑 순서**
>
>

3) 입안에서 느껴지는 맛의 평가(Flavor, Aftertaste, Body, Balance)

입안의 말초신경을 이용한 커피의 성분과 풍미(flavor)를 평가한다.

① **거품 걷어내기(Skimming)** : 흡입을 위해 컵 표면의 거품을 스푼으로 조심스럽게 걷어낸다. 이 때 커피를 걷어낼 때 사용한 스푼은 다른 컵의 향미에 영향을 줄 수 있으므로 반드시 헹구어 사용한다.

② **흡입하기(Slurping)** : 물의 온도가 약 70℃ 정도가 되면 커핑 스푼으로 떠서 강하게 흡입(slurping)하여 혀와 입안 전체에 골고루 퍼지게 한다.

③ **삼키기(Swallowing)** : 샘플 커피를 입 안에 몇 초간 담고 있다가 조금 삼킨다. 이는 커피의 여운을 분석하는 것이다.

> **커핑 순서**
>
>

(4) SCAA 커핑 평가 기준

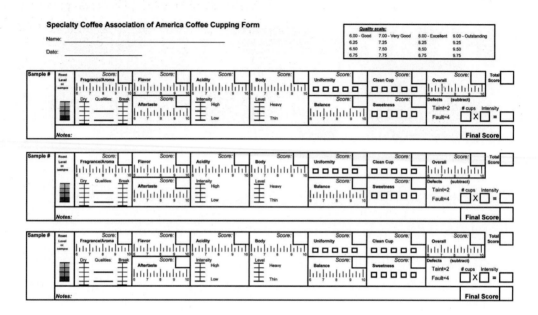

[그림 8-10] **SCAA 커핑 평가지**

최종적으로 커핑이 완료됨과 동시에 각 항목별로 평가된 점수를 합산하여 종합평가를 한다. 커핑 프로세스대로 진행하면서 커피에 대한 평가를 한 후 아래와 같이 맛과 향의 느낌을 평가지에 기록한다.

1) Fragrance, Aroma(향)

커피의 향은 분쇄된 커피인 마른 입자에서 나는 dry aroma와 물을 부었을 때 나는 wet aroma의 두 가지 향을 가지고 평가하여 향의 강도를 평가한다.

2) Acidity(산도)

커피를 시음할 때 가장 먼저 느끼는 맛으로 60~70℃에서 평가한다. 단순히 신맛의 세기가 높다고 해서 좋게 평가하는 것은 아니고 신맛과 함께 아로마와 단맛 등 복합적인 신맛이 좋은 평가를 얻는다.

3) Flavor(맛과 향의 조화성)

플레이버(flavor)는 입안에서 느껴지는 맛과 향의 복합적인 느낌으로 맛의 기본이라 할 수 있는 단맛, 신맛, 짠맛, 쓴맛 등이 조화를 이루어 커피의 맛과 향을 만들어 낸다. 이때 중요한 역할을 할 수 있는 방법은 후루룩 소리 내어 마시는 슬러핑(slurping)이다.

4) Body(중후함)

바디감의 좋은 예는, 물의 느낌보다는 우유를 마셨을 때 입안에서 받는 느낌과 비슷하다고 할 수 있다. 입안에서 액체가 주는 촉감이나 질감 등으로 감지되는 것이며, thin(약간 묽은 느낌), light(가벼운 느낌), full(꽉 찬 느낌), heavy(무거운 느낌) 등으로 구분할 수 있다.

5) Aftertaste(여운)

여운은 커피를 삼키고 나서 얻게 되는 커피의 복합적인 느낌으로 마시고 난 후 자주 변화하는 커피 맛의 잔여분이 남아 있는 상태라 할 수 있다. very poor(아주 나쁜)부터 outstanding(뛰어난 것)으로 구분 평가하면 된다.

6) Balance(균형감)

커피의 aroma, flavor, acidity, body, aftertaste 등의 다양한 속성들을 종합적으로 연결시켜 평가하는 가장 중요한 요소이다. 한두 가지 속성이 너무 지나치거나 부족하여 커피 전체의 향미 균형을 깨트리는 경우가 있어서는 안 된다.

7) Sweetness(단맛)

커피의 단맛을 평가하는 항목으로 인위적인 맛이 아닌 커피 자체의 향미로 전체적으로 풍부한 느낌이 나도록 도와주는 역할을 한다.

8) Clean cup(클린 컵)

커피의 투명성을 알아보는 것으로 커피를 마시는 순간에 커피에 대한 부정적인 요소가 있는지를 판정하는 것이다. 결점두에 의한 맛과 향이 있는지의 여부도 판단한다.

9) Uniformity(균일함)

평가해야 할 다섯 개의 컵의 커피가 일관성이 있는지를 알아보는 항목으로 맛과 향이 균일해야 하며 맛과 향이 컵마다 다르면 낮은 점수로 판정된다.

10) Overall(오버 롤)

커퍼가 전체적인 항목을 고려하여 커피에 대한 선호도를 기준으로 하여 판정한다. 개인적인 평가를 추가할 수 있다.

11) Defect(결점두)

결점두의 유무에 따라 판정하고 커피의 향미에 영향을 미치는 요소로 커피의 질을 떨어뜨린다. 테인트(taint)와 폴트(fault)로 구분하여 시행하는데, 테인트(taint)는 커피의 오염으로 인한 이취이고 폴트(fault)는 맛으로 느끼는 결함이다.

최종 평가로 각 항목에 따른 개별 점수를 합하여 총점란에 기입한 후 총점에서 디펙트 점수를 빼고 최종 점수를 산출한다. 이 때 80점 이상이 스페셜티 커피라고 할 수 있다.

큐 그레이더(Q-Grader)란?

미국 스페셜티 커피협회 SCAA(Specialty Coffee Association of America)와 커피 품질 관리 협회 CQI(Coffee Quality Institute)에서 실시하는 커피의 맛과 품질을 평가할 수 있는 자격 시험에 합격한 국제 커피감별사를 지칭하는 용어이다. 국제 공인 커퍼로서 커피에 대한 평가를 하는데 향기, 결점, 깨끗한 맛, 당도, 산미, 균형감, mouth feel, aftertaste, overall 등 종합적인 맛과 향을 평가하여 점수를 매기고 등급을 결정하기도 한다.

---

(5) COE 커핑

COE(Cup Of Excellence)는 전 세계 최고의 커피대회이고 옥션 프로그램으로 '커피의 오스카상'이라 불리며 커피 생산자들의 진정한 노력의 보상을 얻기 위한 목적으로 만들어진 시스템이다. 커피 생산국의 공정한 거래와 경제 활성화를 위해 브라질에서 1999년 처음으로 시행하였다.

미국의 비영리 단체인 ACE(Alliance for Coffee Excellence)가 COE 프로그램을 소유, 운영하고 있는 기구로서 질 좋은 커피의 가치를 전 세계에 널리 확산하기 위해 교육, 테스팅 등 기타 다양한 활동을 하고 있다. COE 심사는 ACE에서 초청한 커피 전문가들로 구성된 국제 심사위원을 초청하여 커핑에 참여시킨다. 아시아에서는 일본만이 참여하였으나 2009년부터 우리나라도 참여하게 되어 한국의 위상이 높아지고 있다.

가입 국가는 중남미 11개국으로 브라질(1999), 과테말라(2001), 니카라과(2002), 엘살바도르(2003), 온두라스와 볼리비아(2004), 콜롬비아(2005), 코스타리카(2007), 르완다(2008), 부룬디와 멕시코(2012)이며 매년 이 나라들의 생두를 국제 커핑 심사위원들이 평가하며 중, 상위 등급의 커피는 인터넷에서 경매를 통해 전 세계로 판매된다. 이 시스템은 생산자들은 품질에 따른 보상을 받을 수 있고 소비자들이 인증된 질 좋은 커피를 구매할 수 있는 시스템이다. 이로 인해 생산자들은 끊임없이 좋은 생두를 생산하도록 노력하고 소비자들은 안정되고 질 좋은 생두를 공급받을 수 있다.

COE 커핑 선별과정은 생산국의 생두를 모아 현지에서 5일 동안 국내 커핑을 하여 84점 이상을 받은 커피만이 국제심판관들에 의해 심사를 받는다. 국제심판관들은 4~5일 동안 총 3라운드에 걸쳐 심사하여 84점 이상의 커피들에게 COE를 결정하고 상위 10위의 커피를 결정한다. COE 커핑 평가지는 미국의 커피 전문가인 조지 H. 하월이 커피 전문가들과 함께 와인 커핑 형식을 개량하여 만든 것이다.

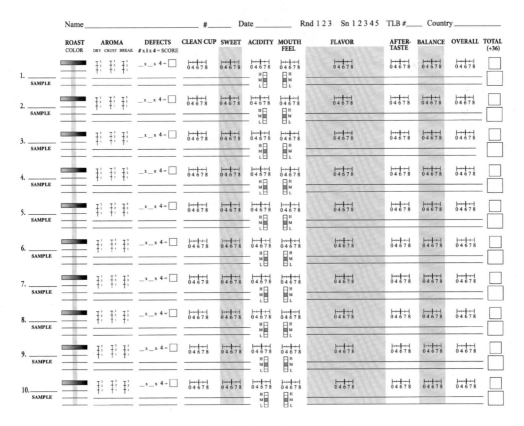

[그림 8-11] COE 커핑 평가지

니카라과   엘살바도르   온두라스   과테말라   부룬디

르완다   콜롬비아   브라질   코스타리카   멕시코

[그림 8-12] **10개 국가의 COE마크**

[그림 8-13] **COE 인증마크**

(6) COE 커피 맛의 평가 기준

① **아로마(Aroma)** : 커피의 향을 체크한다.

② **결점두(Defects)** : 고무, 리오이, 발효취 등 결점두의 맛이 있는지 평가한다.

③ **클린 컵(Clean cup)** : 가장 기본적인 맛으로 결점두에 의한 맛과 향이 얼마나 깨끗하고 투명한지를 평가한다.

④ **단맛(Sweetness)** : 커피의 단맛을 평가하는 것으로 과일에서 느낄 수 있는 단맛들을 가리키며 입안에서의 단맛과 후미에서 느낄 수 있는 단맛을 포함한다.

⑤ **신맛(Acidity)** : 입안에서 느낄 수 있는 커피의 산미로 과일에서 느끼는 입안에 군침이 돌게 하는 산미를 말한다. 커피의 신맛은 와인에서 느낄 수 있는 신맛과 같이 그 맛이 다른 맛의 특징과 연관성을 가지고 있는 매우 중요한 요소이다. 커피에서의 신맛은 양적인 문제가 아니라 질적인 평가에 중점을 두어야 한다.

⑥ **마우스 필(Mouth feel)** : 커피를 입안에 머금었을 때 느껴지는 전체적인 액체의 무게, 점성, 밀도, 질감을 말하며 이것이 부드러운지 날카로운지에 대한 느낌을 평가한다.

⑦ **플레이버(Flavor)** : 커피의 풍미로 종합적인 향과 맛을 의미하며 평가 시에 지역적인 특성에 의한 생두 자체의 특징적인 맛인지 그 외 별도의 과정에서 생성되는 맛에 따른 특징인지 파악해야 한다.

⑧ **여운(Aftertaste)** : 커피를 시음한 후 커피의 맛과 향을 평가하는 것으로 단맛의 느낌이 남는지, 자극적인 느낌이 남는지에 대한 지속성을 평가한다.

⑨ **밸런스(Balance)** : 커핑한 커피들의 특성이 전체적으로 잘 느껴지는지, 어우러짐이 있는지, 하나의 특성이 튀는지를 평가한다.

⑩ **오버롤(Overall)** : 심판관의 개개인의 주관적인 선호도를 평가하는 것으로 커핑하는 심판관이 커피에 대해 다양함이나 개성이 있는지에 대한 주관적인 평가를 한다.

⑪ **최종점수(Final points)** : 커핑 최종 점수가 84점 이상인 경우 COE 커피를 결정한다.

참고문헌

- 권대옥, 권대옥의 핸드드립 커피, 이오디자인, 2012.
- 김영식, Espresso 상·하권, 서울 꼬뮨, 2006.
- 김윤태, 홍기운, 최주호, 강대훈, 커피학 개론, 광문각, 2010.
- 김일호, 김종규, 김지응, 한 권에 다 있다 커피의 모든 것, 백산출판사, 2012.
- 김호철, 구세림, 제2판 커피, 기문사, 2011.
- 박영배, 커피&바리스타, 백산출판사, 2012.
- 변광인, 이소영, 조연숙, 에스프레소 이론과 실무, 백산 출판사, 2011.
- (사)한국커피전문가협회, 바리스타가 알고 싶은 커피학, 교문사, 2011.
- 서지연, 최유미, 스타일이 살아있는 핸드드립 커피, 땅에쓰신글씨, 2011.
- 안우규, 이정미, 최신 바리스타 창업실무, 한올출판사, 2008.
- 윌리엄 H. 우커스, 올 어바웃 커피, 세상의 아침, 2012.
- 유승민, 커피는 문화다. 여름 커뮤니케이션, 2009.
- 이승훈, 올 어바웃 에스프레소, 서울꼬뮨, 2010.
- 이용남, 카페&바리스타, 백산출판사, 2012.
- 이현석, 커피 로스팅 테크닉, 서울꼬뮨, 2010.
- 전광수, 이승훈, 서지연, 송주은, 김윤경, 기초 커피 바리스타, 형설출판사, 2012.
- 조영대, 김정애, 커피 바리스타 마스터, 한올출판사, 2013.
- 조윤정, 커피, 대원사, 2007.
- 최병호, 권정희, 최신 커피 바리스타 경영의 이해, 기문사, 2011.
- 최풍운, 박수현, THE COFFEE, 백산출판사, 2013.
- 한국커피교육연구원, 커피 기계관리학, 아카데미아, 2010.
- 한국커피교육연구원, 커피조리학, 아카데미아, 2013.
- 한국커피교육연구원, 커피학개론, 아카데미아, 2012.
- 호리구치 토시히데, 커피 교과서, 달 출판사, 2012.
- 농촌진흥청, 커피나무의 대량증식방법 및 관상식물화에 관한 연구, 1998.
- 이승재, 커피나무의 식물학적 특성 고찰, 동부산대학논문집 29집, 2010.

- Illy, A. and Viani, R. eds., Espresso coffee ; The Science of Quality, 2nd. ed. Elsvier Acadwmic Press, CA USA. 2005.
- Parliment, T. CHEMTECH, Aug 1995.
- Ted Lingle, A systematic guide to the sensory evaluation of coffee's flavor, Third Edition, SCAA, 2009.

- SCAA(Specialty Coffee Association of America) : www.SCAA.org
- ACE(Alliance for Coffee Excellence) : www.allianceforcoffeeexcellence.org

저자소개

유승민

- 호원대학교 외식산업경영학과 겸임교수
- 군장대학교 커피바리스타학과 교수
- 사단법인한국커피문화연구협회 이사장
- 산타로사 대표

오병건

- 이학박사
- 고구려대학 커피바리스타과 교수
- 커피마스터
- 초콜릿마스터

김혜숙

- 이학박사
- 고구려대학 커피바리스타과 교수
- 커피마스터
- 국제소믈리에자격증

차영주

- 이학박사
- 고구려대학 커피바리스타과 교수
- 커피마스터

커피학개론

발 행 일	2014년 2월 24일 초판 인쇄 2014년 3월 3일 초판 발행
지 은 이	유승민 · 오병건 · 김혜숙 · 차영주
발 행 인	김홍용
펴 낸 곳	**도서출판 효일**
디 자 인	에스디엠
주 소	서울시 동대문구 용두동 102-201
전 화	02) 460-9339
팩 스	02) 460-9340
홈 페 이 지	www.hyoilbooks.com
E m a i l	hyoilbooks@hyoilbooks.com
등 록	1987년 11월 18일 제6-0045호
I S B N	978-89-8489-368-9

값 20,000원